"十四五"职业教育国家规划教材

网络安全运维 1+X 证书配套用书

Windows 操作系统安全配置

丛书主编　何　琳　徐雪鹏

本书主编　何　琳　沈天瑢　孙雨春

U0397982

电子工业出版社.

Publishing House of Electronics Industry

北京·BEIJING

内 容 简 介

本书基于教育部第三批 1+X 证书《网络安全运维》职业技能等级标准编写而成。全书共分为三个学习单元，分别是本地 Windows 操作系统的安全配置、域环境 Windows 操作系统的安全配置和 Windows 服务器数据库安全配置。本书顺应职业教育特点，采用项目式教学方法进行编写，各学习单元的内容循序渐进，以工作项目式推进，难度逐渐递增。本书采用校企双元合作开发的模式，编写组成员包括行业企业专家、职业院校一线教师等。

本书可作为中等职业学校网络信息安全等相关专业的专业教材、1+X 证书《网络安全运维》的培训教材，也可作为网络信息安全项目实施过程中相关人员的参考用书。

图书在版编目（CIP）数据

Windows 操作系统安全配置 / 何琳，沈天瑢，孙雨春主编 . —北京：电子工业出版社，2020.8
网络安全运维 1+X 证书配套用书

ISBN 978-7-121-39457-7

Ⅰ. ①W… Ⅱ. ①何… ②沈… ③孙… Ⅲ. ①Windows 操作系统—职业教育—教材 Ⅳ. ①TP316.7

中国版本图书馆 CIP 数据核字（2020）第 159835 号

责任编辑：关雅莉　　　文字编辑：郑小燕
印　　刷：涿州市京南印刷厂
装　　订：涿州市京南印刷厂
出版发行：电子工业出版社
　　　　　北京市海淀区万寿路 173 信箱　邮编　100036
开　　本：787×1 092　1/16　印张：17　字数：435.2 千字
版　　次：2020 年 8 月第 1 版
印　　次：2024 年 12 月第 13 次印刷
定　　价：39.00 元

凡所购买电子工业出版社图书有缺损问题，请向购买书店调换。若书店售缺，请与本社发行部联系，联系及邮购电话：（010）88254888，88258888。

质量投诉请发邮件至 zlts@phei.com.cn，盗版侵权举报请发邮件至 dbqq@phei.com.cn。

本书咨询联系方式：（010）88254617，luomn@phei.com.cn。

前言

随着信息化建设和网络技术的高速发展，各种信息技术的应用更加广泛且深入。与此同时，网络安全问题也层出不穷，这使得网络信息安全的重要性更加凸显，并已成为各国关注的焦点。网络信息安全不仅关系国家安全和社会稳定，也关系机构和个人用户的信息资源和资产风险。我国对于网络信息安全非常重视，在2019年9月16日至22日举行的国家网络安全宣传周上，习近平同志对网络安全做出重要指示，指出国家网络安全工作要坚持网络安全为人民、网络安全靠人民，保障个人信息安全，维护公民在网络空间的合法权益。要坚持网络安全教育、技术、产业融合发展，形成人才培养、技术创新、产业发展的良性生态。基于此编写了网络安全运维1+X证书配套用书，本套丛书的编写符合党和国家对于网络安全这一重要国家战略的要求和部署，目的是培养一批合格的网络信息安全专业人才，较好地服务经济社会发展。丛书主编是何琳、徐雪鹏。

1．本书定位

本书适合职业学校的教师和学生，以及培训机构的教师和学生使用。

2．编写特点

本书在编写过程中打破学科体系，强调理论知识以"必需""够用"为度，结合首岗和多岗迁移需求，以职业能力为本位，注重基本技能训练，为学生终身就业和具备较强的转岗能力打基础。全书体现了新知识、新技术、新方法。

本书采用项目任务模式进行编写，通过"任务驱动"，有利于学生把握任务之间的关系，了解完整的工作过程，可以激发学生的学习兴趣，使学生体验成功的快乐，从而帮助其有效提高学习效率。

本书从应用实战出发，首先将所需内容以学习单元的形式表现出来，其次以项目—任务的形式对知识点进行详细分析和讲解，在每个任务的最后对当前的任务进行验收和评价，并配有相应的拓展练习，在每个学习单元的最后都有单元总结，使学生在短时间内掌握更多有用的技术和方法，从而使其快速提高技能竞赛水平。

3．本书内容

本书顺应职业教育特点，采用项目式教学方法进行编写，从本地Windows操作系统的安全配置项目、本地服务安全项目、到域环境下的Windows操作系统安全配置项目、域环境服务安全等项目，循序渐进地进行项目式推进，难度逐渐递增。全书采用校企双元合作开发的模式，编写组成员包括行业企业专家、职业院校一线教师等。在编写过程中，校企双方进行了多次广泛的交流和沟通，确定了全书的编写体例和内容，确保了书中的教学项目按照企业对操作系统安全配置人员的工作要求进行编排，且内容按照企业对职业院校毕业生的入职要求进行设置。本书依据教育部相关文件要求，符合学校与行业企业共同制定的网络信息安全专业人才培养方案，适合职业学校网络信息安全专业进行本课程的教学。

　　本书由何琳、沈天瑢、孙雨春担任主编并负责统稿，侯广旭、邹君雨、吴翰青担任副主编。参与本书编写的还有杨毅、何鹏举、赵飞、李承。本书编写分工如下：学习单元 1 由何琳、沈天瑢、邹君雨、何鹏举编写；学习单元 2 由孙雨春、侯广旭、杨毅编写；学习单元 3 由吴翰青、赵飞、李承编写。

　　在本书的编写过程中，编者得到了北京中科磐云科技有限公司的大力支持和帮助，在此表示衷心的感谢。

　　由于编者水平有限，经验不足，书中难免存在疏漏之处，恳请专家、同行及使用本书的老师和同学批评指正。

编　者

2020 年 7 月

目 录

学习单元 1

本地 Windows 操作系统的安全配置

☆ 单元概要

本单元基于 Windows Server 2008 R2 操作系统的本地安全特性，由本地 Windows 操作系统基本安全配置和本地 Windows 服务器服务安全配置两个项目组成。项目 1 从创建 RAID 磁盘部署操作系统开始，通过本地管理员账户、NTFS 磁盘安全、加密操作系统驱动器等方面进行任务实施；项目 2 通过本地 Windows 服务器操作系统的典型服务（远程桌面、DHCP 安全配置、FTP 服务等）进行任务实施。通过本单元的学习，要求掌握本地 Windows 操作系统的常规安全配置，并针对本地典型服务进行安全加固。

☆ 单元情境

网络安全工程师小张接到上级领导布置的任务，要求对红星学校新购置的服务器（Windows Server 2008 R2 操作系统）进行配置，该服务器作为学校一台重要的服务器，承载学校的学籍管理、域名解析、邮件收发等多个重要工作。小张接到任务以后，通过与团队其他成员讨论，决定先对这台新购置的服务器进行本地环境的安全配置与加固。

项目1 本地 Windows 操作系统的基本安全配置

➤ **项目描述**

红星学校新购置了一批服务器设备，要求安装 Windows Server 2008 R2 操作系统。这一批服务器需要承担学校多个重要的服务功能，且要求其配置能够顺利通过上级部门不定期的网络安全检查。学校领导要求负责网络安全管理的教师对服务器进行安全加固，保证网络用户的使用安全。

➤ **项目分析**

网络安全工程师小张通过与团队成员共同分析，认为对于新购置的服务器设备，应该先从服务器的硬件安全开始，通过创建 RAID 磁盘并部署操作系统，提高服务器数据的安全性，再按照管理员账户、磁盘管理、注册表、安全漏洞检查等环节顺序进行，从而完成本项目，项目工作流程如图 1-1 所示。

图 1-1　项目工作流程

任务1 创建 RAID 磁盘并部署操作系统

★ **任务描述**

学校校园网的服务器已经正常运行了，但为了保护服务器中数据的安全，网络安全工程师小张需要针对硬盘故障制定解决预案，从而最大限度地避免因数据丢失而带来的一系列问题。通过讨论，团队决定针对服务器磁盘，使用 Windows 镜像卷和 RAID5 技术来解决这些问题。

微课 1

★ **任务分析**

学校校园网新采购一台 HPDL380G8 服务器。在安装操作系统之前，使用服务器部署工具完成 RAID 磁盘的创建并安装 Windows Server 2008 R2 操作系统。

动态磁盘的管理是基于卷的管理。

卷是由一个或者多个磁盘上的可用空间组成的存储单元，可以将它格式化为一种文件系统并分配驱动器号。

动态磁盘具有提供容错、提高磁盘利用率和访问效率的功能。

> ❀知识链接
>
> 　　RAID-1 卷：RAID-1 卷也称镜像卷，是将数据复制在两块动态磁盘上，其中第 2 块磁盘是一个带有第 1 块磁盘完全相同副本的简单卷。RAID-1 卷需要两块磁盘，当一块磁盘出问题时，另一块磁盘可以立即使用，从而提高了数据安全性。
>
> 　　RAID-5 卷：RAID-5 卷也称带区卷，可在三个或者三个以上的动态磁盘存储数据。RAID-5 卷为每个磁盘添加一个奇偶校验值，这样在确保了带区卷优越性能的同时，还提供了容错性。RAID-5 卷至少包含 3 块磁盘，阵列中任意一块磁盘出问题时，都可以由另两块磁盘中的信息做运算，并将问题磁盘中的数据恢复。

★　任务实施

　　1．启动服务器，在引导界面按【F10】键进入【Intelligent Provisioning】服务器部署工具启动界面，如图 1-2 所示。

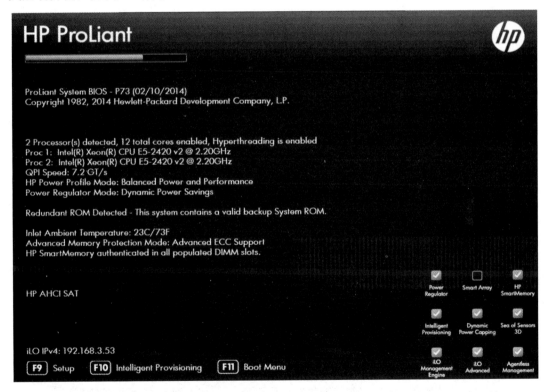

图 1-2　服务器部署工具启动界面

　　2．单击【配置和安装】选项，开始配置硬件并安装操作系统，如图 1-3 所示。

　　3．在【硬件设置】中找到【阵列配置】选项，在其下拉菜单中选择【自定义】选项，如图 1-4 所示。准备开始配置磁盘阵列。

图 1-3　服务器部署工具初始界面

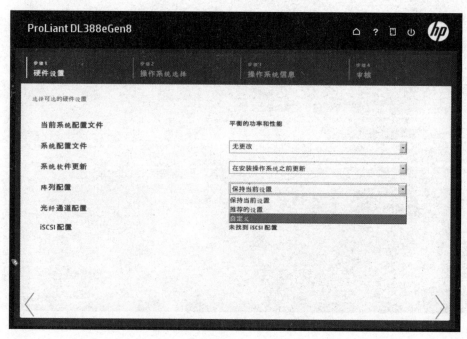

图 1-4　硬件设置

4. 在【智能阵列 P420】的【操作】选项栏中，单击【创建阵列】选项，如图 1-5 所示。

5. 在【创建阵列】界面中，勾选需要加入阵列的驱动器，然后单击【创建阵列】按钮，如图 1-6 所示。

图 1-5　创建阵列

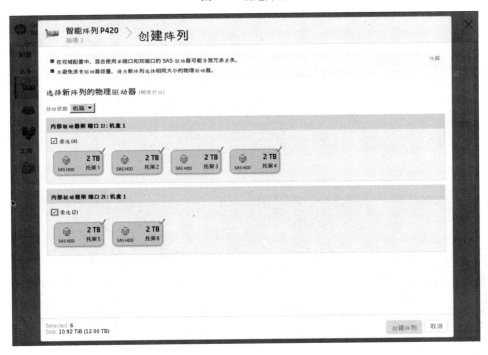

图 1-6　添加驱动器创建阵列

6. 选择创建逻辑驱动器的参数。这里建议使用默认参数，部署工具会根据现有的驱动器情况使用最优配置，然后单击【创建逻辑驱动器】按钮，如图 1-7 所示。

7. 逻辑驱动器创建完成后，单击【完成】按钮，如图 1-8 所示。

8. 逻辑驱动器创建完成后，在【智能阵列 P420】界面中，单击【设置引导控制器】

选项，打开如图 1-9 所示界面。

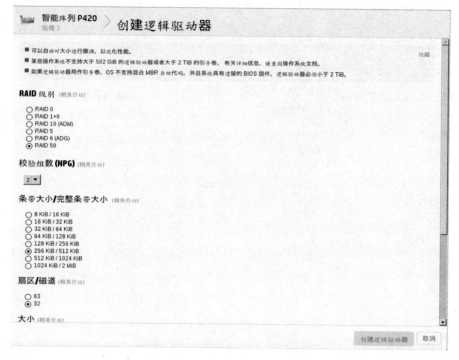

图 1-7　创建逻辑驱动器

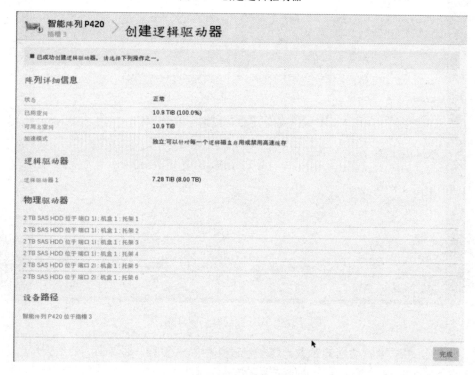

图 1-8　逻辑驱动器创建完成

9. 阵列配置完成后，检查控制器配置摘要。按照本次任务的要求，有 1 个数据阵列、

1 个数据逻辑驱动器和 6 个数据驱动器，检查完成后，单击屏幕右上角的关闭按钮⊠关闭界面，如图 1-10 所示。

图 1-9　设置引导控制器

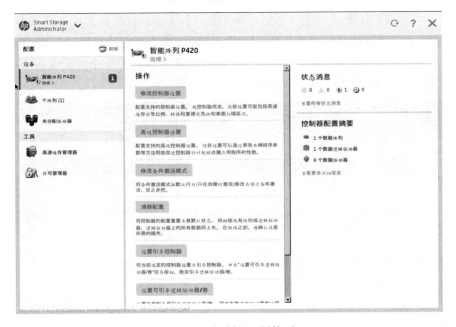

图 1-10　控制器配置摘要

10．进入操作系统选择界面，选择要安装的操作系统系列为【Microsoft Windows】，安装方法选择【自定义】选项。网络安全工程师需要根据准备好的安装介质，选择源介质类型，如果选择【光盘】或【USB】单选项，需要先将对应的介质连接到服务器上，如图 1-11 所示。

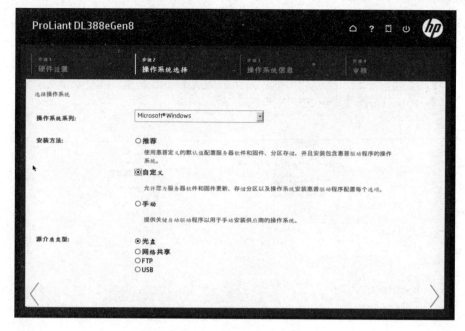

图 1-11 操作系统选择菜单

11. 在【操作系统信息】界面中,设置【操作系统系列】为【Microsoft Windows 2008R2】;【操作系统】为【Microsoft Windows Server 2008R2, Standard x64 Edition】;【操作系统语言】和【操作系统键盘】均设置为【中文】;【分区大小】、【计算机名称】、【管理员密码】、【时区】、【组织名称】及【所有者名称】等选项根据实际工作要求进行设置。其中,在设置【管理员密码(Administrator)】的过程中,建议提高密码复杂度,从而提高本地系统的安全性,如图 1-12 所示。

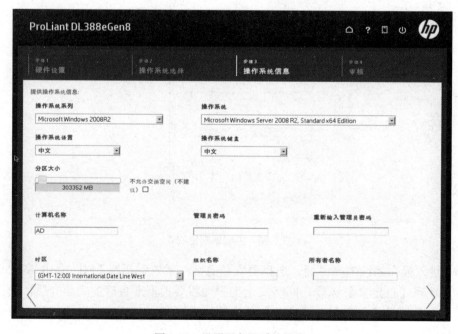

图 1-12 设置服务器系统信息

12. 在【选择要安装的监控与管理协议】的选项中，建议使用默认配置，如图 1-13 所示。

图 1-13　设置要安装的监控与管理协议

13. 在审核界面中，系统会自动将之前所有步骤的设置进行检查，并显示所有关键信息，如图 1-14 所示。在审核过程中，系统会提示警告信息——安装操作系统会将所有驱动器重置，当前存在的数据会丢失。基于这种情况，请网络安全管理员在执行本操作前务必确认各驱动器上的数据是否进行了妥善的备份，再单击屏幕右下角▷（向右箭头）进入下一步。

图 1-14　配置信息审核界面

14. 部署工具开始进行磁盘分区并安装 Microsoft Windows Server 2008 R2 操作系统（以下简称 Windows Server 2008 R2 系统），如图 1-15 所示。

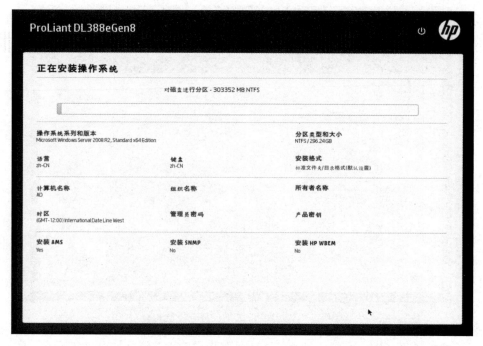

图 1-15　安装操作系统界面

15. 安装完成后，部署工具会自动安装驱动程序。全部安装过程完成后，自动进入 Windows Server 2008 R2 系统，系统主页如图 1-16 所示。至此任务完成。

图 1-16　系统部署完成

★ 任务验收

通过本任务的实施，学会创建 RAID 磁盘并部署操作系统。

评价内容	评价标准	完成效果
创建 RAID 磁盘并部署操作系统	在规定时间内，完成创建 RAID 磁盘并部署操作系统	

★ 拓展练习

创建 RAID 磁盘并部署安装 Windows Server 2008 R2 的操作系统。

任务 2　本地管理员账户的安全配置

★ 任务描述

红星学校新购置的服务器已经完成操作系统的安装，马上要进行服务器的配置，网络安全工程师小张为提高服务器系统的安全性，现需要对系统进行安全加固，首先对本地管理员账户进行安全配置。

★ 任务分析

账户的安全策略分为密码策略、账户锁定策略、账户管理审核策略这几个内容。我们可以通过配置密码策略提高用户密码复杂性和密码字符长度。设置用户登录尝试失败的次数，在账户锁定期满之前，该用户将不可登录。到达阈值次数的用户可延长其尝试密码的时间。账户管理审核策略用于记录用户事件。

★ 任务实施

1. 单击【开始】菜单→【管理工具】→【本地安全策略】，如图 1-17 所示。

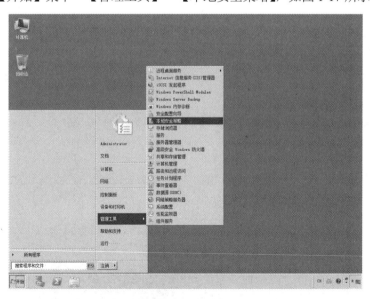

图 1-17　管理工具中的本地安全策略

2．单击【账户策略】，如图 1-18 所示。

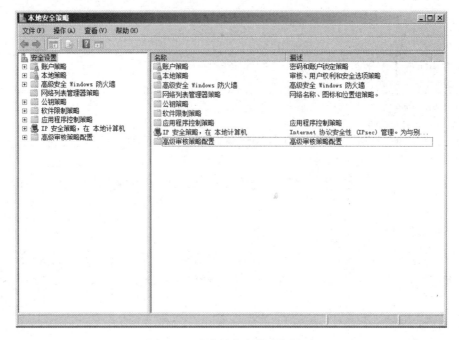

图 1-18　【本地安全策略】界面

3．单击【密码策略】，如图 1-19 所示。

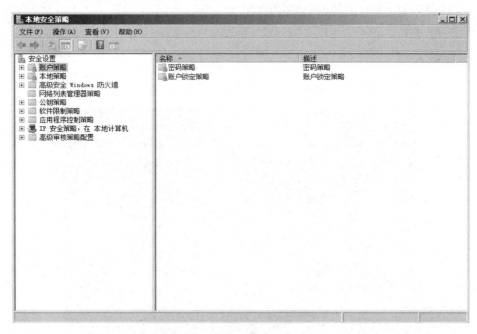

图 1-19　打开账户策略子目录

4．双击【密码必须符合复杂性要求】策略，如图 1-20 所示。

✿知识链接

密码包含以下四种类别：

大写字母（A 到 Z、标有音调、希腊语和西里尔文字符）

小写字母（a 到 z、高音 s、标有音调、希腊语和西里尔文字符）

10 个基本数字（0 到 9）

非字母数字字符（特殊字符）（如 !、$、#、%）

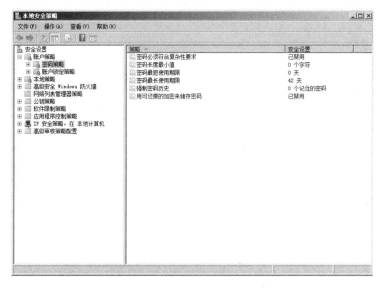

图 1-20　密码策略界面

5. 选择【已启用】单选项后单击【确定】按钮，如图 1-21 所示。

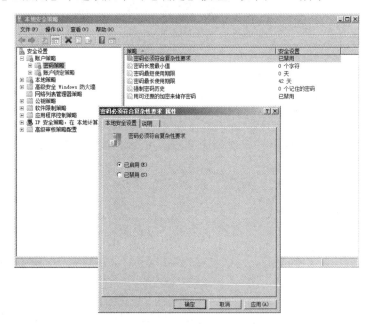

图 1-21　设置【密码必须符合复杂性要求 属性】

6. 双击【密码长度最小值】策略，将密码设置为 8 个字符并单击【确定】按钮，如图 1-22 所示。

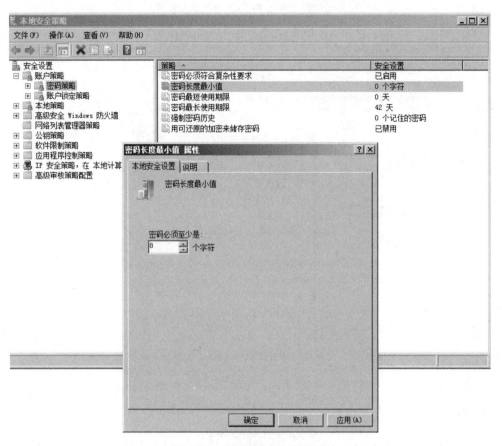

图 1-22　设置密码长度最小值

✿经验分享

在许多操作系统中，对用户身份进行验证的最常用方法是使用密码。安全的网络环境要求所有用户使用强密码——至少拥有 8 个字符并包括字母、数字和符号的组合。这类密码可以防止未经授权的用户通过使用手动方法或自动工具猜测密码（弱密码）来损害用户账户和管理账户。设置密码最长使用期限和强制密码历史，可以强制用户定期更改密码，减少密码被破解的可能性。

---

7. 如图 1-23 所示，单击左侧窗格中【账户锁定策略】子目录，开始修改账户锁定策略。

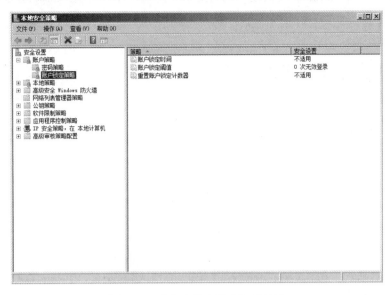

图 1-23　【账户锁定策略】子目录

8．如图 1-24 所示，单击【账户锁定阈值】选项，打开【账户锁定阈值　属性】界面，将账户锁定阈值的值改为 3，并单击【确定】按钮。

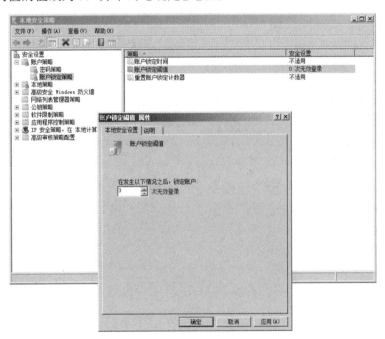

图 1-24　设置账户锁定阈值

✿知识链接

阈（yù）值：阈的意思是界限，故阈值又叫临界值，是指一个效应能够产生的最低值或最高值。此名词广泛用于建筑学、生物学、飞行、化学、电信、电学、心理学等各个方面，如生态阈值、电流阈值等。

9. 单击【确定】后会弹出【建议的数值改动】界面，如图 1-25 所示。单击【确定】按钮后界面如图 1-26 所示。

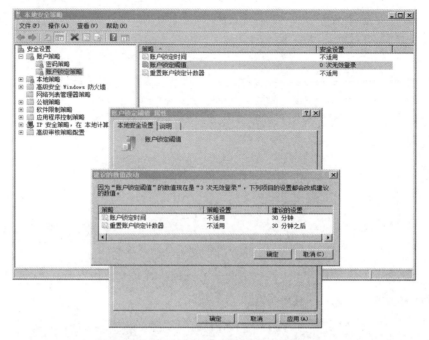

图 1-25 【建议的数值改动】界面

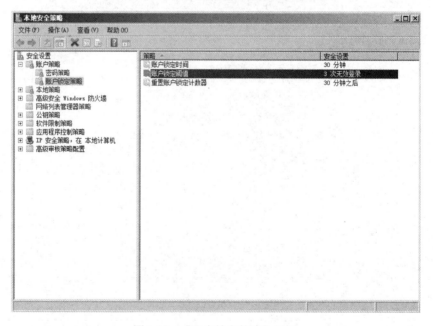

图 1-26 【账户锁定策略】界面

✿经验分享

针对通过反复试验确定密码的恶意用户行为，Windows 系统可以被配置为能对此类型的潜在攻击行为进行响应，方法是在预设时间段内禁用该账户再次尝试登录。

10. 双击展开界面左侧窗格中的【本地策略】目录后，单击【审核策略】子目录，如图 1-27 所示。

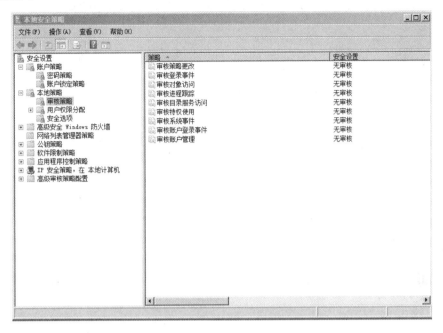

图 1-27　【审核策略】子目录

11. 双击【审核帐户管理】，勾选【成功】和【失败】选项，如图 1-28 所示，并单击【确定】按钮，如图 1-29 所示。至此本地账户的安全配置设置完成。

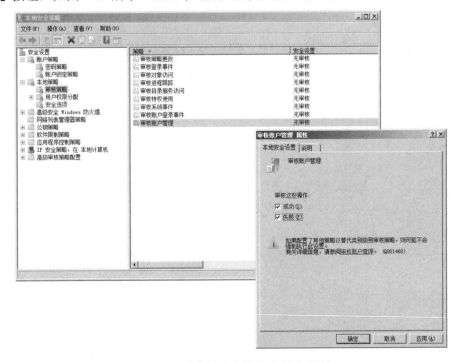

图 1-28　【审核账户管理 属性】界面

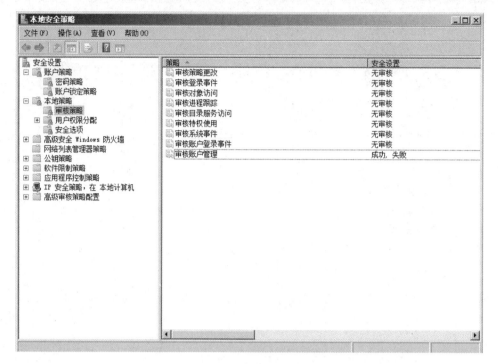

图 1-29　【审核策略】界面

12．可以通过服务器管理工具中的【事件查看器】来查看系统账户管理的审核日志。首先在系统中创建一个用户名为 user 的用户。单击任务栏中【服务器管理器】，双击【事件查看器】子目录，如图 1-30 所示。

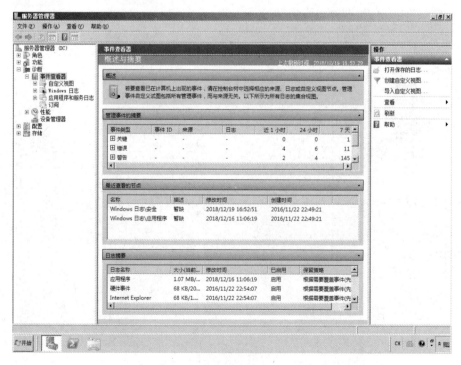

图 1-30　【事件查看器】界面

13．展开【Windows 日志】列表，单击【安全】，如图 1-31 所示。

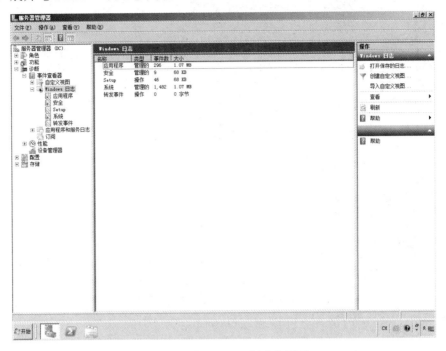

图 1-31　【Windows 日志】界面

14．在界面右侧窗格中显示多条审核成功的记录，这些记录是成功创建用户的日志，如图 1-32 所示。双击其中一篇日志，可以查看其具体内容，如图 1-33 所示。

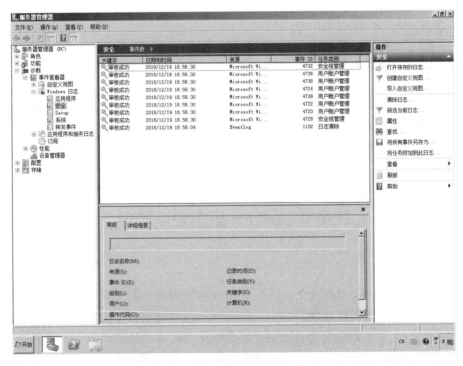

图 1-32　审核成功日志记录

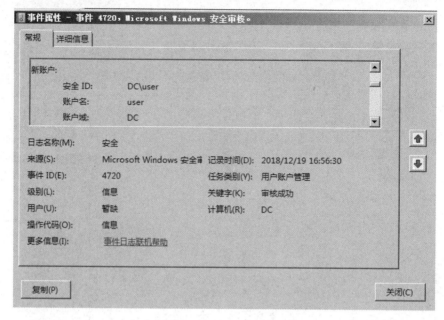

图 1-33　【事件属性】界面

✿**知识链接**

　　审核策略的用途是每当用户执行了策略中指定的某些操作，审核日志就会记录一个审核项。安全审核对于任何企业系统来说都极其重要，因为只能使用审核日志来说明是否发生了侵犯安全的事件。如果通过其他某种方式检测到入侵，正确的审核设置所生成的审核日志将包含有关此次入侵的重要信息。

★　**任务验收**

通过本任务的实施，学会本地管理员账户的安全配置和日志查看。

评价内容	评价标准	完成效果
本地管理员账户的安全配置	在规定时间内，完成操作系统本地管理员账户的安全配置	

★　**拓展练习**

完成本地管理员账户的安全配置，将账户锁定阈值调整为"5 次无效登录"，将密码长度最小值调整为"8 个字符"。

任务3　NTFS 磁盘安全管理

★　**任务描述**

红星学校校园网中架设了文件服务器，保存有学生处、教学处、培训处等部门的重要资料，在使用中为了使各部门独立管理自己的文件，需要为每一个部门创建属于自己的文件夹的访问权限。要求为每个部门创建两个用户，其中一个用户不允许删除文件夹里面的文件。

微课 3

学校安排网络安全工程师小张着手解决此问题。

★ **任务分析**

在网络中会有很多资源，例如文件、目录和打印机等各种网络共享资源及其他资源对象。管理人员可以通过资源的访问权限来限制不同分组或账户的访问权限，但这些控制是由管理员来决定的，只有这样才能避免非授权的访问，并提供一个安全的网络环境。

> ✿知识链接
>
> 新技术文件系统（NTFS，New Technology File System），是 Windows NT 环境的限制级专用的文件系统。NTFS 取代了老式的 FAT 文件系统。NTFS 提供长文件名、数据保护和恢复功能，并通过目录和文件许可实现安全性。NTFS 支持大硬盘和在多个硬盘上存储文件。

★ **任务实施**

1. 为学校每个部门创建好用户，普通用户为不可删除文件的用户，如图 1-34 所示。

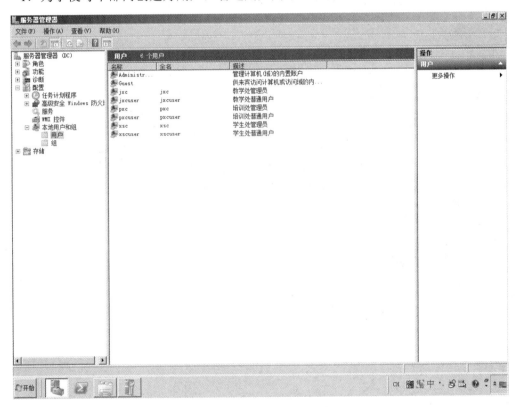

图 1-34 【服务器管理器】界面

2. 为用户创建好文件夹，如图 1-35 所示。

3. 选择【教学处】文件夹并单击鼠标右键，在弹出的快捷菜单中单击【属性】选项，如图 1-36 所示。

4. 在【教学处 属性】界面【安全】选项卡中单击下方【高级】按钮，如图 1-37 所示。

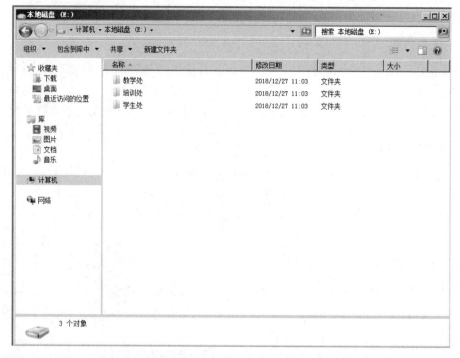

图 1-35 创建文件夹

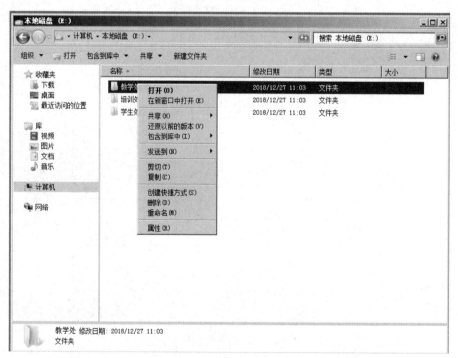

图 1-36 选择文件夹属性

✿经验分享

　　可以看到文件夹默认是可以被 Users 组的用户管理的。在 Windows 系统中当用户创建好时都默认属于 Users 组。我们需要删除这些默认管理组，而只允许特定的用户进行管理。取消默认用户和组的管理需要在文件属性的高级选项中取消对象的父项继承的权限（只有这种方法才可以取消权限）。

图 1-37　文件夹属性界面

5. 在高级安全设置界面中，单击【更改权限】按钮，如图 1-38 所示。

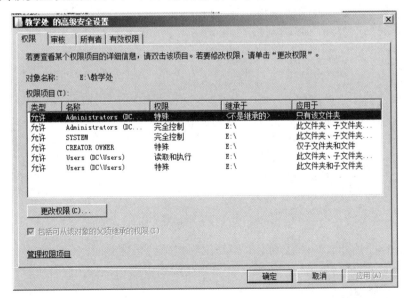

图 1-38　高级安全设置界面 1

6. 如图 1-39 所示，取消勾选【包括可从该对象的父项继承的权限】。

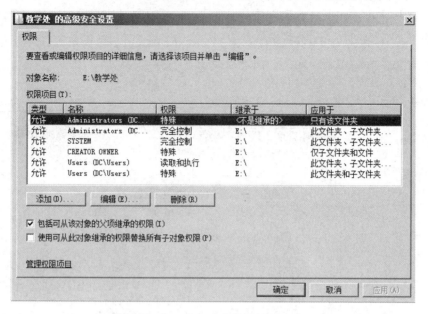

图 1-39　高级安全设置界面 2

7. 单击【确定】按钮，弹出如图 1-40 所示提示框，单击【删除】按钮。

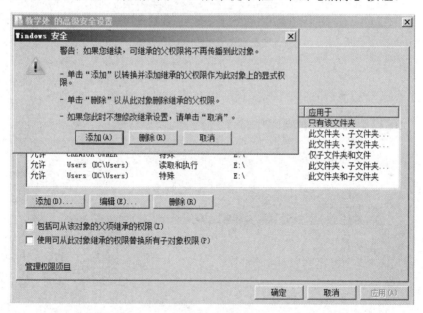

图 1-40　高级安全设置界面 3

8. 如图 1-41 所示，单击【确定】按钮返回文件夹属性界面。

9. 根据任务要求，如图 1-42 所示，单击【编辑】按钮，弹出文件夹权限界面，为文件夹添加用户和权限。

10. 单击【安全】选项卡中的【添加】按钮，为文件夹添加权限，如图 1-43 所示。

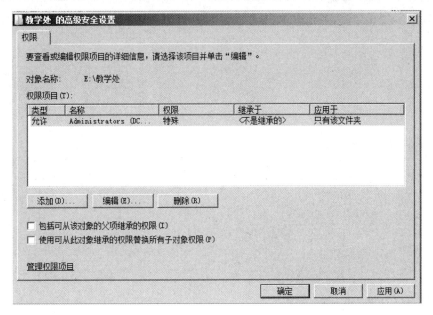

图 1-41 高级安全设置界面 4

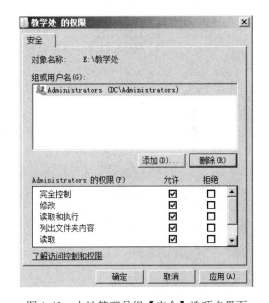

图 1-42 文件夹属性界面 图 1-43 本地管理员组【安全】选项卡界面

11．如图 1-44 所示，输入用户名后单击【确定】按钮。

12．在弹出的如图 1-45 所示界面中选择已添加的用户，在用户的权限列表中，找到【完全控制】选项，并在其后的【允许】列中勾选【√】，这表示给予用户完全控制的权限。

13．单击【确定】按钮，在弹出的如图 1-46 所示界面中可以看到文件夹配置完成。

14．接下来为文件夹添加不可删除文件的用户。单击如图 1-45 所示的文件夹权限界面，单击【安全】选项卡中的【添加】按钮，如图 1-47 所示。

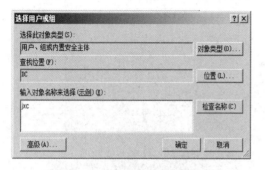

图 1-44 【选择用户或组】界面

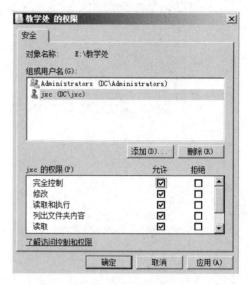

图 1-45 新添加用户的【安全】选项卡

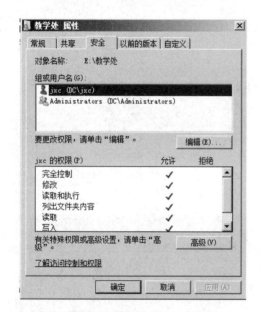

图 1-46 【安全】选项卡 1

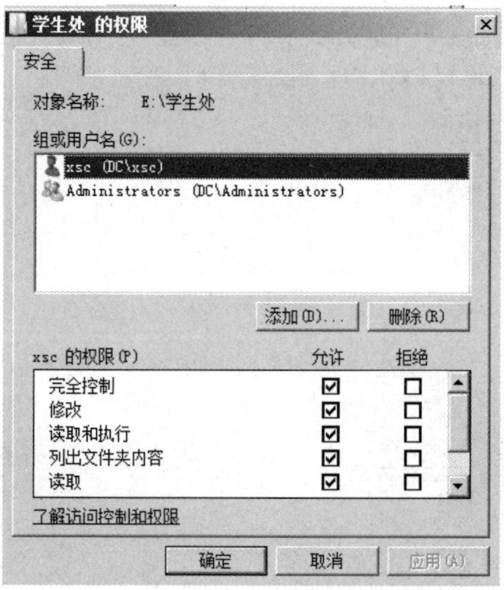

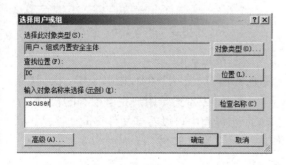

图 1-48 用户添加界面

图 1-47 【安全】选项卡 2

15．在【输入对象名称来选择】文本框中，输入用户名，并单击【确定】按钮，如图 1-48 所示。

16．在如图 1-49 所示的"权限"界面中，为用户选择权限。找到该用户的权限列表，取消【完全控制】选项右侧【允许】列中的勾选，设置完成后单击【确定】按钮。

17．在如图 1-50 所示的"属性"界面中单击【高级】按钮。

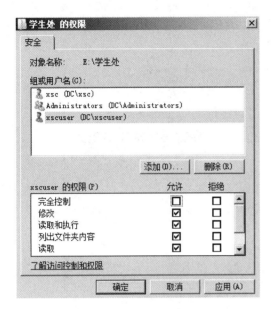

图 1-49 安全选项卡界面 1

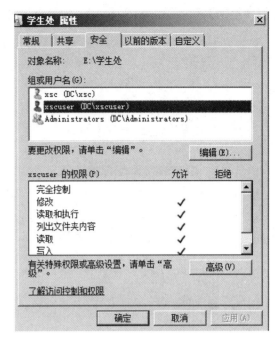

图 1-50 安全选项卡界面 2

18．在如图 1-51 所示的【高级安全设置】界面中单击【更改权限】按钮。

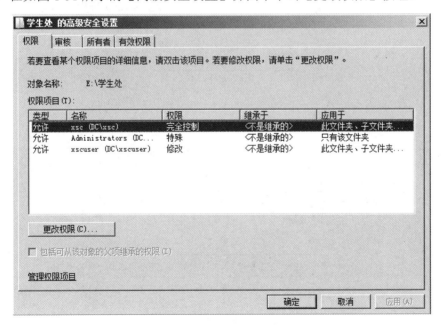

图 1-51 高级安全设置界面 5

19．在如图 1-52 所示的【权限】选项卡中选择用户并单击【编辑】按钮。

20. 在如图 1-53 所示的【对象】选项卡中，找到权限列表中的【删除】选项，在其右侧【拒绝】列中进行勾选【√】，然后单击【确定】按钮。

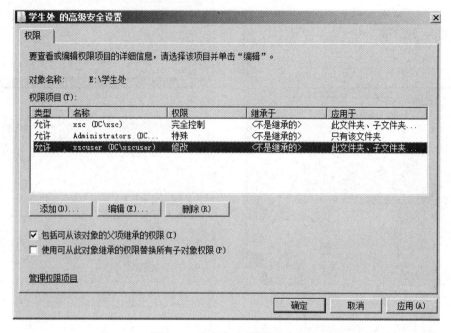

图 1-52 高级安全设置界面 6

图 1-53 权限项目界面

21．认真阅读弹出的如图 1-54 所示的【Windows 安全】提示，然后单击【是】按钮，允许该操作。

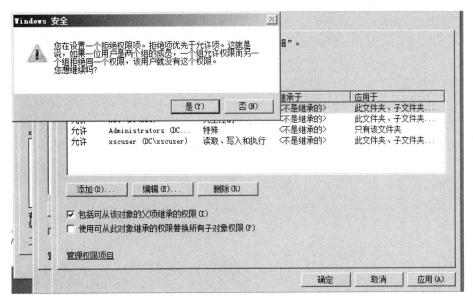

图 1-54　【Windows 安全】提示框

22．在如图 1-55 所示的【安全】选项卡中，单击【确定】按钮完成配置，以此类推，根据上述步骤完成对其他两个文件夹的操作。

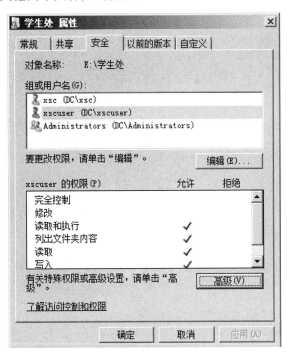

图 1-55　【安全】选项卡 3

23．登录学生处用户（xscuser）账号，测试此用户是否不允许删除"学生处"文件夹下的文件，如图 1-56 所示。

图 1-56　学生处用户登录界面

24．进入"学生处"文件夹后，先创建一个空白的文本文档，如图 1-57 所示。

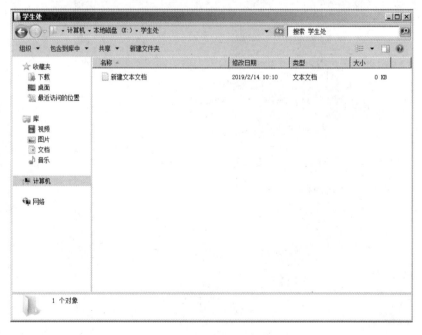

图 1-57　"学生处"文件夹界面

25．文件创建完后，测试将该文件进行删除的操作，这时系统会弹出【用户账户控制】

提示，要求输入管理员密码验证权限，单击【是】按钮后才可以删除该文件，如图 1-58 所示，至此任务完成。

图 1-58　【用户账户控制】提示界面

★　任务验收

通过本任务的实施，学会 NTFS 磁盘安全管理。

评价内容	评价标准	完成效果
NTFS 磁盘安全管理	在规定时间内，完成 NTFS 磁盘安全管理的配置	

★　拓展练习

按照本次任务的要求，创建培训处和学生处用户，配置 NTFS 磁盘安全设置，并完成测试。

任务 4　加密本地 Windows 操作系统驱动器

★　任务描述

通过前 3 个任务网络安全管理员小张发现 Windows Server 2008 R2 服务器中的磁盘访问存在漏洞，系统管理员可随意访问磁盘内文件，加大了数据丢失的风险。因此他决定对特定磁盘采用加密的方式来限制访问。

微课 4

★　任务分析

文件泄密导致的安全威胁日趋严重，因此给文件加密至关重要，从 Windows Vista 操作系统开始，微软提供了名为 BitLocker 的系统自带加密功能。该功能使用简单方式，可加密磁盘分区，只有使用密钥才可以读取磁盘文件，同时也可以在移动设备上使用。

> ✿经验分享
>
> 从 Windows Vista 开始的操作系统都自带 BitLocker 功能。在任意分区盘符上右击，就可以看见"启用 BitLocker"按钮。对于某些精简版的系统，可以尝试开启系统服务中的"ShellHWDetection"和"BDESVC"服务。Server 版的操作系统需要手动添加 BitLocker 功能后才可开启。

★ **任务实施**

1. 打开如图 1-59 所示的【服务器管理器】界面。单击左侧窗格中的【服务器管理器】→【功能】选项后，单击右侧窗格中的【添加功能】选项。

图 1-59 【服务器管理器】界面

2. 在如图 1-60 所示的【添加功能向导】界面中勾选【BitLocker 驱动器加密】选项，然后单击【下一步】按钮。

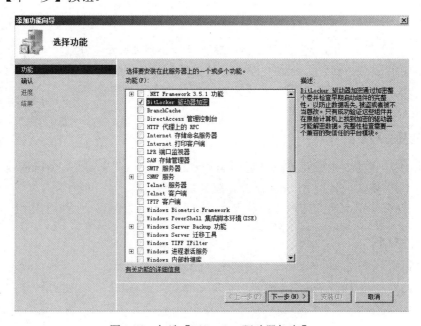

图 1-60 勾选【BitLocker 驱动器加密】

3．在如图 1-61 所示的【安装结果】界面中，询问是否希望重新启动系统，单击【是】按钮，确认重新启动系统。

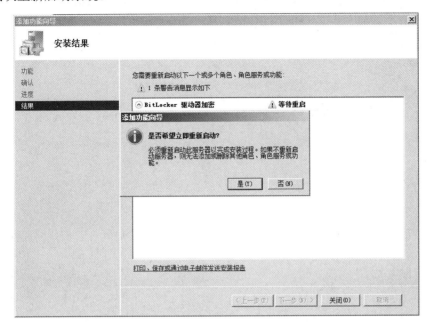

图 1-61　【添加功能向导】提示框

4．打开如图 1-62 所示的【控制面板】界面，单击【系统和安全】选项。

图 1-62　【控制面板】界面

5．在如图 1-63 所示的【系统和安全】界面中单击【BitLocker 驱动器加密】选项。

图 1-63 【系统和安全】界面

6. 在打开的如图 1-64 所示的【BitLocker 驱动器加密】界面中选择需要加密的磁盘，然后单击【启用 BitLocker】按钮。

图 1-64 【BitLocker 驱动器加密】界面

7. 如图 1-65 所示，在弹出的【BitLocker 驱动器加密】提示框中，单击【是】按钮，确认启用该功能。

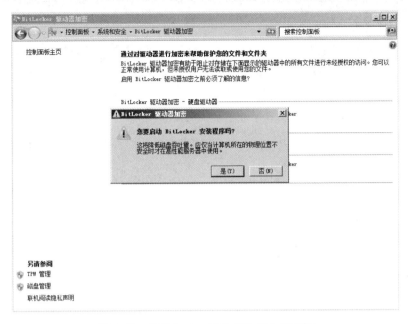

图 1-65　【BitLocker 驱动器加密】提示框

8．在打开的如图 1-66 所示【BitLocker 驱动器加密】界面中勾选【使用密码解锁驱动器】选项后输入密码，然后单击【下一步】按钮。

✿经验分享

BitLocker 驱动器加密使用的密码策略默认要求包含数字、大小写字母、空格以及符号在内的最少 8 位字符。

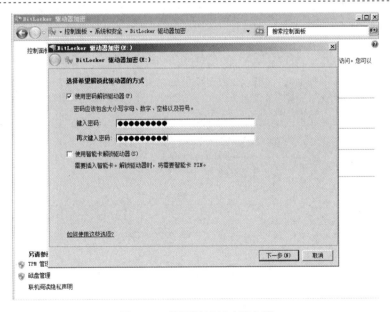

图 1-66　设置解锁驱动器密码

9．在如图 1-67 所示的界面中，单击【将恢复密钥保存到文件】选项，保存密钥文件，然后单击【下一步】按钮。

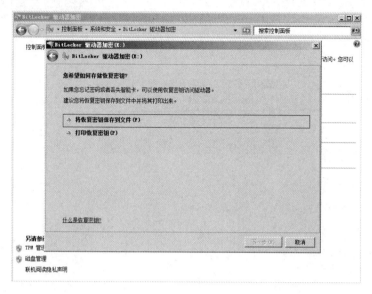

图 1-67　设置如何恢复密钥

✿经验分享

　　特别需要注意：要把【BitLocker 恢复密钥】保存到非加密的分区文件中，而且不能保存在根目录下，并且一定要记住保存位置，避免忘记密码。【BitLocker 恢复密钥】是当密码丢失时解锁使用的。如重新安装操作系统或忘记密码都可以使用【BitLocker 恢复密钥】解锁。

　　10．在弹出的如图 1-68 所示【BitLocker 驱动器加密】提示框中，单击【是】按钮确认操作。

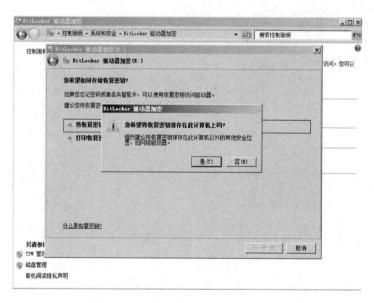

图 1-68　设置恢复密钥保存在计算机

11. 在弹出的如图 1-69 所示的【BitLocker 驱动器加密】提示框中，单击【启动加密】按钮，开始加密驱动器。

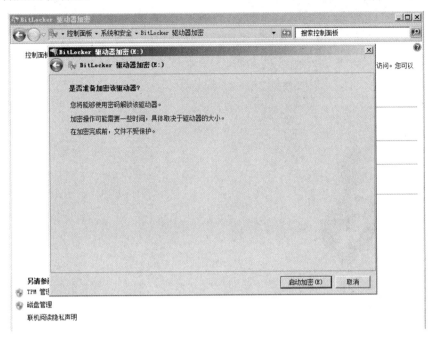

图 1-69　启动加密

12. 在打开的如图 1-70 所示界面中，等待驱动器加密完成。

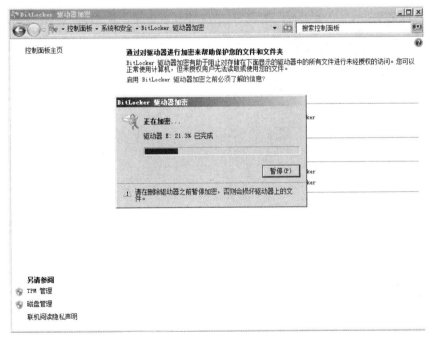

图 1-70　正在加密

13. 驱动器加密完成后单击【关闭】按钮完成操作，如图 1-71 所示。此时 E 盘已经加密完成，当系统重启后需要使用访问密码才可以打开 E 盘。

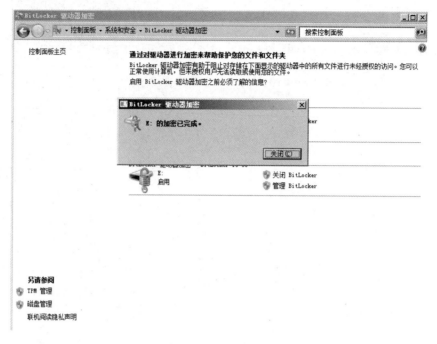

图 1-71　加密完成

14．系统重启后，可以看到 E 盘图标上出现锁的标记，此时分区属于未解锁状态，如图 1-72 所示。双击【E 盘】，输入密码后，单击【解锁】按钮才可以进入，如图 1-73 所示。

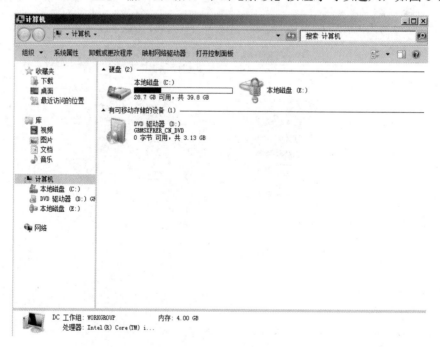

图 1-72　分区加密状态

15．如图 1-74 所示，输入密码后解锁成功。

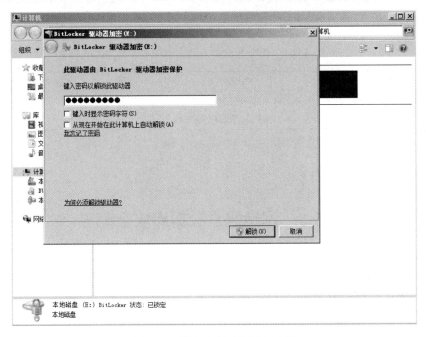

图 1-73　输入密码以解锁驱动器

✿经验分享

第一次安装完成后分区属于解锁状态。开启了 BitLocker 功能，解锁再关闭后，不可以再自动上锁，也就是不需要再输入密码就可以访问，安全性比较差。如何实现每次打开都要求输入密码呢？通过用管理员身份运行命令提示符（cmd.exe），输入"manage-bde–lock E:"（其中 E 为要恢复锁定的分区名）就可实现。

图 1-74　解锁成功

★ **任务验收**

通过本任务的实施，学会使用 BitLocker 功能加密本地 Windows 操作系统驱动器。

评价内容	评价标准	完成效果
使用 BitLocker 功能加密本地 Windows 操作系统驱动器	在规定时间内，使用 BitLocker 功能加密本地 Windows 操作系统驱动器	

★ **拓展练习**

使用 BitLocker 功能加密 U 盘。

任务 5 本地账户数据库安全配置

★ **任务描述**

网络安全工程师小张在检查账户数据库时发现 Windows Server 2008 R2 服务器的账户数据库没有加密，经过团队讨论，决定对该服务器中账户数据库进行加密配置。

★ **任务分析**

在 Windows Server 2008 R2 服务器中，可以通过 syskey 实用程序对账户数据库进行加密，从而提升账户数据库的安全性。

微课 5

✿**知识链接**

Windows 安全账户管理数据库（SAM）存储哈希的用户密码的副本。此数据库是使用本地存储的系统密钥进行加密。为了保证 SAM 数据库的安全，需要使用密码哈希值进行加密。

syskey 加密的是账号数据库，也就是位于系统目录下 system32\config 文件夹中的 SAM 文件。

★ **任务实施**

1．使用管理员账户进入系统，单击【开始】菜单，在搜索框中输入"syskey.exe"，打开 syskey 程序，如图 1-75 所示。

2．在弹出的如图 1-76 所示的【保证 Windows 账户数据库的安全】提示框中，单击【更新】按钮。

3．在【启动密钥】的界面中选择【密码启动】选项，在【密码】栏和【确认】栏分别输入密码后单击【确定】按钮，如图 1-77 所示。

4．在如图 1-78 所示的界面中，单击【确定】按钮，后重启系统。

5．电脑启动后，在如图 1-79 所示的【启动密码】界面中输入密码，然后单击【确定】按钮后，才能登录。

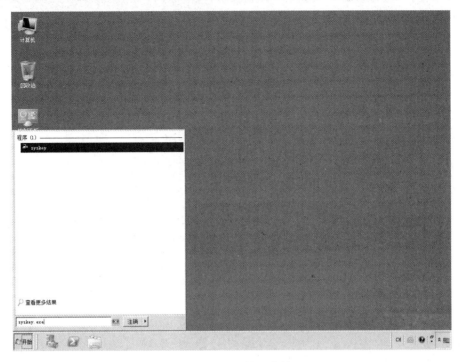

图 1-75　【开始】菜单

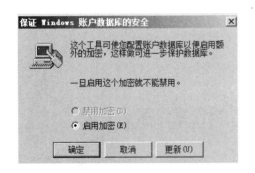

图 1-76　账户数据库安全配置界面

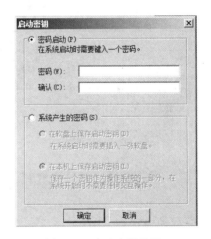

图 1-77　启动密钥界面 1

图 1-78　启动密钥界面 2

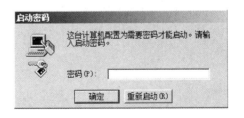

图 1-79　输入密码界面

6. 输入密码后成功进入系统登录界面，如图 1-80 所示。

图 1-80　系统登录界面

★　**任务验收**

通过本任务的实施，能够完成本地账户数据库的安全配置，更改账户数据库启动密钥，启动操作系统后通过密钥进入系统登录界面。

评价内容	评价标准	完成效果
本地账户数据库安全配置	在规定时间内，完成本地账户数据库安全配置	

★　**拓展练习**

请按照任务要求，配置本地账户数据库安全密钥，并测试效果。

任务 6　配置本地 Windows 操作系统服务安全

★　**任务描述**

国家信息安全漏洞共享平台（CNVD）收录了一个 SMB Server 远程代码执行漏洞 CVE-2017-11780。上级部门要求网络安全工程师小张对学校 Windows Server 2008 R2 服务器进行安全策略配置，提高服务器安全性。

微课 6

★　**任务分析**

通过任务分析，需要通过 Windows 操作系统服的"服务"功能，禁用任务要求中的相关服务，来达到提高服务器安全性的要求。

✿ 知识链接

SMB Server 远程代码执行漏洞 CVE-2017-11780 是微软公司 Windows 操作系统 SMB 协议的远程代码执行漏洞，CVE 编号为 CVE-2017-11780，影响 Windows 7 到 Windows 2016 的众多版本系统。由于使用 Windows 系统的用户众多，影响较广，该漏洞等级为高危。

✿ 知识链接

国家信息安全漏洞共享平台（China National Vulnerability Database，CNVD）是由国家计算机网络应急技术处理协调中心（中文简称国家互联应急中心，英文简称 CNCERT）联合国内重要信息系统单位、基础电信运营商、网络安全厂商、软件厂商和互联网企业建立的国家网络安全漏洞库。

★　**任务实施**

1. 右击桌面"我的电脑"选择【管理】，在如图 1-81 所示的【服务器管理器】界面，展开【配置】，单击【服务】。

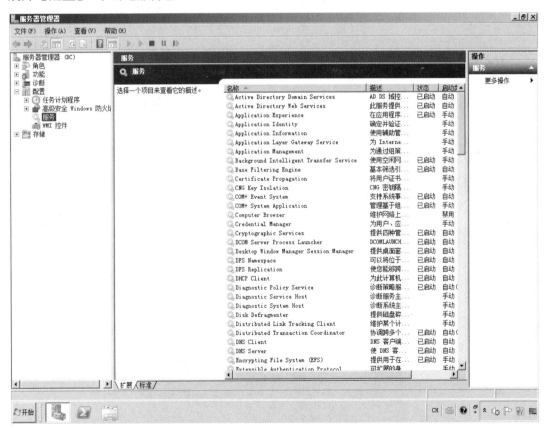

图 1-81　【服务器管理器】界面

2. 在服务界面中找到 Workstation 服务并单击右键选择【属性】，弹出如图 1-82 所示的【Workstation 的属性】界面。

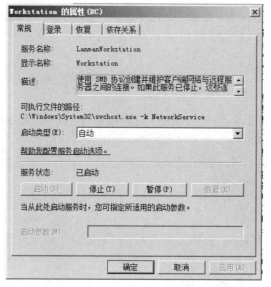

图 1-82 【Workstation 的属性】界面

✿经验分享

由于在 Windows【服务】界面中服务较多，查找效率较低。建议先单击第一个服务，然后使用键盘来快速定位目标服务。比如定位 Workstation，可以通过先后输入 w 和 o，快速定位所有以 wo 开头的服务名称，从而提高查找效率。

3. 在如图 1-83 所示的【Workstation 的属性】界面中单击【启动类型】栏的下拉菜单，将自动改为【禁用】，单击【应用】按钮生效。

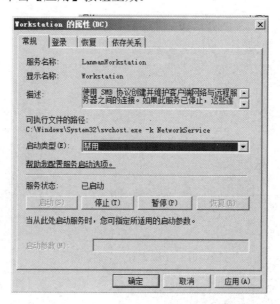

图 1-83 更改 Workstation 服务的启动类型

4．关闭服务可以防止黑客利用漏洞进行攻击，但同样也影响了 SMB 服务。为了避免这个问题，需要打开 Windows Update，单击检查更新按钮，根据业务情况下载安装相关安全补丁，安装完毕后重启服务器，再单击【服务状态】中【启动】按钮，开启 Workstation 服务，在【启动类型】中选择【自动】，如图 1-84 所示。

图 1-84　更新补丁后再次开启 Workstation 服务

★　**任务验收**

通过本任务的实施，学会配置本地 Windows 操作系统服务安全。

评价内容	评价标准	完成效果
配置本地 Windows 操作系统服务安全	在规定时间内，完成配置本地 Windows 操作系统服务安全	

★　**拓展练习**

关闭 Windows Server 2008 R2 操作系统中"服务"功能中的 Workstation 服务，并通过修复 SMB 漏洞，提升服务器操作系统安全性后，再次打开这个服务。

任务 7　配置本地 Windows 操作系统注册表

★　**任务描述**

在配置 Windows Server 2008 R2 服务器操作系统的过程中，网络安全工程师小张发现访问服务器站点时打开很慢，CPU 占用异常，并在服务器上看到大量的半连接状态信息，确定服务器是遭受到了 SYN 攻击，决定对服务器进行相应的配置防止被攻击。

微课 7

★　**任务分析**

SYN 攻击的基础是依靠 TCP 建立连接时三次握手的设计。第三个数据包验证连接发

Windows 操作系统安全配置

起人在第一次请求中使用的源 IP 地址上具有接受数据包的能力，即其返回是可达的，使得被攻击方资源耗尽，无法及时回应或处理正常的服务请求。小张需要限制 TCP 半连接的数量以及半连接的时间防御攻击，在 Windows 系统中这些配置需要修改注册表来完成。指定触发 SYN 攻击保护所必须超过的 TCP 连接请求数阈值为 5，指定处于 SYN_RCVD 状态的 TCP 连接数的阈值为 500，指定处于至少已发送一次重传的 SYN_RCVD 状态中的 TCP 连接数的阈值为 400。

> ✿ 知识链接
>
> SYN（synchronous）是 TCP/IP 建立连接时使用的握手信号。在客户机和服务器之间建立正常的 TCP 网络连接时，客户机首先发出一条 SYN 消息，服务器使用 SYN+ACK 应答表示接收到了这个消息，最后客户机再以 ACK 消息响应。这样在客户机和服务器之间才能建立起可靠的 TCP 连接，数据才可以在客户机和服务器之间传递。

> ✿ 知识链接
>
> 注册表是 Windows 操作系统的核心数据库，存放着各种参数，直接控制着 Windows 的启动、硬件驱动程序的装载及一些 Windows 应用程序的运行，可以说是 Windows 的神经中枢。如果注册表受到了破坏，轻则使 Windows 的启动过程出现异常，重则可能会导致整个 Windows 系统的完全瘫痪。因此正确地认识、使用，特别是及时备份及恢复注册表对 Windows 用户来说就显得非常重要。

★ 任务实施

1．在桌面单击【开始】菜单，选择【运行】，输入【regedit】，如图 1-85 所示。

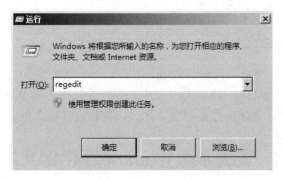

图 1-85 【运行】界面

2．启用 SYN 攻击保护，在注册表项空白处单击鼠标右键，选择【新建】选项【DWORD(32-位)值】创建值名称为【SynAttackProtect】，如图 1-86 所示。注册表项：HKEY_LOCAL_MACHINE\SYSTEM\CurrentControlSet\Services\Tcpip\Parameters。

3．双击【SynAttackProtect】，弹出如图 1-87 所示的【编辑 DOWRD（32 位）值】界面，将【数值数据】设置为 2。

4．指定触发 SYN 洪水攻击保护所必须超过的 TCP 连接请求数阈值为 5。在注册表项 HKEY_LOCAL_MACHINE\SYSTEM\CurrentControlSet\Services\Tcpip\Parameters 下空白处

单击鼠标右键，选择【新建】选项【DWORD(32-位)值】创建值名称为 TcpMaxPortsExhausted，如图 1-88 所示。

图 1-86　创建 SynAttackProtect 值

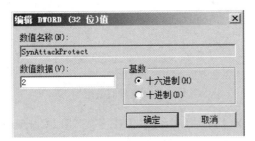

图 1-87　设置数值数据

ab SearchList	REG_SZ	
SyncDomainWithMembership	REG_DWORD	0x00000001 (1)
UseDomainNameDevolution	REG_DWORD	0x00000001 (1)
SynAttackProtect	REG_DWORD	0x00000002 (2)
TcpMaxPortsExhausted	REG_DWORD	0x00000000 (0)

图 1-88　创建 TcpMaxPortsExhausted 值

5. 双击【TcpMaxPortsExhausted】图标，在弹出的如图 1-89 所示的界面中，设置【数值数据】为 5，单击【确定】按钮。

编辑 DWORD (32 位)值
数值名称(N):
TcpMaxPortsExhausted
数值数据(V):
5
基数
十六进制(H)
十进制(D)
确定
取消

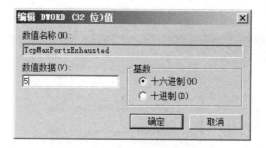

图 1-89 设置数值数据为 5

6．在注册表项 HKEY_LOCAL_MACHINE\SYSTEM\CurrentControlSet\Services\Tcpip\Parameters 下空白处单击鼠标右键，选择【新建】选项【DWORD(32-位)值】创建值名称为【TcpMaxHalfOpen】，如图 1-90 所示。

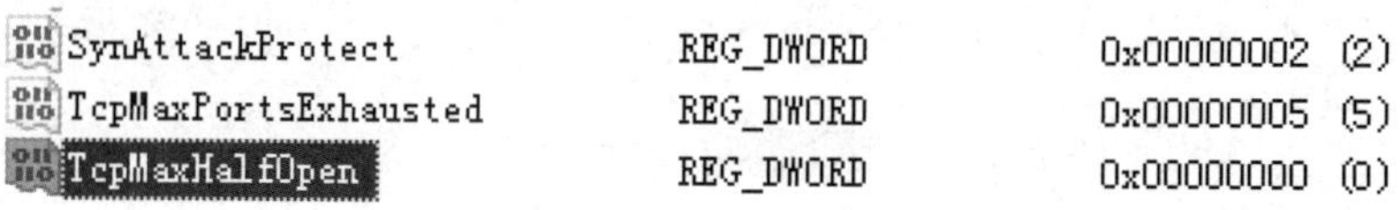

SynAttackProtect REG_DWORD 0x00000002 (2)
TcpMaxPortsExhausted REG_DWORD 0x00000005 (5)
TcpMaxHalfOpen REG_DWORD 0x00000000 (0)

图 1-90 创建 TcpMaxHalfOpen 值

7. 指定处于 SYN_RCVD 状态的 TCP 连接数的阈值为 500。双击【TcpMaxHalfOpen】图标，在弹出的如图 1-91 所示的界面中，设置【数值数据】为 500，单击【确定】按钮。

编辑 DWORD (32 位)值
数值名称(N):
TcpMaxHalfOpen
数值数据(V):
500
基数
十六进制(H)
十进制(D)
确定
取消

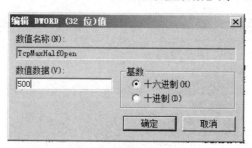

图 1-91 设置数值数据为 500

8．在注册表项 HKEY_LOCAL_MACHINE\SYSTEM\CurrentControlSet\Services\Tcpip\Parameters 下空白处单击鼠标右键，选择【新建】选项【DWORD(32-位)值】创建值名称为【TcpMaxHalfOpenRetried】，如图 1-92 所示。

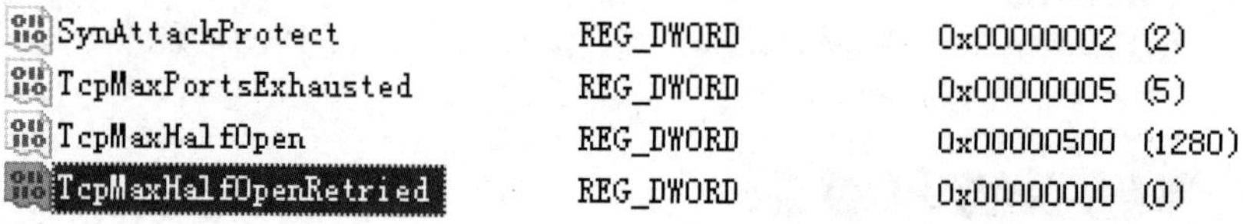

SynAttackProtect REG_DWORD 0x00000002 (2)
TcpMaxPortsExhausted REG_DWORD 0x00000005 (5)
TcpMaxHalfOpen REG_DWORD 0x00000500 (1280)
TcpMaxHalfOpenRetried REG_DWORD 0x00000000 (0)

图 1-92 创建 TcpMaxHalfOpenRetried 值

9．指定处于至少已发送一次重传的 SYN_RCVD 状态中的 TCP 连接数的阈值为

400。双击【TcpMaxHalfOpenRetried】图标,在弹出的如图 1-93 所示的界面中,设置【数值数据】为 400,单击【确定】按钮。重启后策略正常使用。

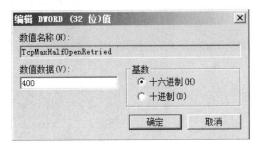

图 1-93　设置数值数据为 400

★　任务验收

通过本任务的实施,学会本地 Windows 操作系统注册表的配置方法。

评价内容	评价标准	完成效果
配置本地 Windows 操作系统注册表	在规定时间内,完成本地 Windows 操作系统注册表的配置,防止 SYN 攻击	

★　拓展练习

1. 通过配置 Windows Server 2008 R2 注册表,实现禁止使用控制面板中的添加/删除程序功能。

2. 通过配置 Windows Server 2008 R2 注册表,实现禁止用户进行共享打印的功能。

任务 8　Windows 操作系统本地漏洞安全配置

★　任务描述

在完成本次项目的过程中,网络安全工程师小张发现 Windows Web 服务器安装好后有很多端口默认是开放的,这些开放的端口会带来极大的安全隐患。上级部门要求小张要对端口进行筛选,关闭风险较高的端口,从而提高网络的安全性。

微课 8

★　任务分析

默认情况下 Windows 系统中很多端口都是开放的。通过关闭某些端口,可以在一定程度上提高 Windows 系统的安全性,特别是对于服务器来说,可以通过设置 IP 安全策略来关闭不必要的端口。

✿知识链接

　　IP 安全策略是一个给予通讯分析的策略,它将通讯内容与设定好的规则进行比较以判断通讯是否与预期相吻合,然后决定是允许还是拒绝通讯的传输,它弥补了传统 TCP/IP 设计上的“随意信任”这一重大安全漏洞,可以保证更仔细更精确的 TCP/IP 安全。

★ 任务实施

1．在 CMD 命令提示符界面中，输入命令“netstat -an”来查看服务器端口状态，如图 1-94 所示。

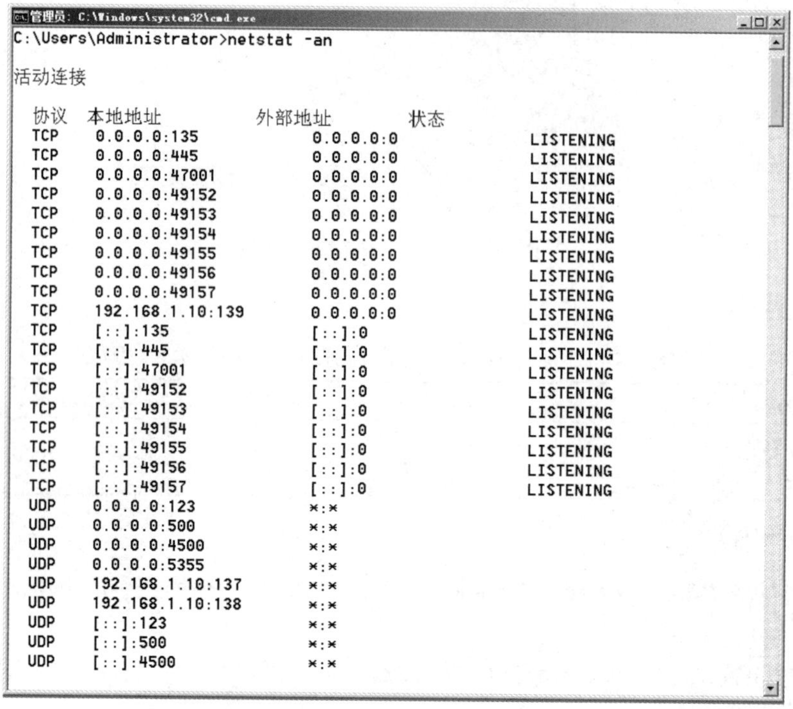

```
管理员: C:\Windows\system32\cmd.exe
C:\Users\Administrator>netstat -an

活动连接

  协议  本地地址              外部地址          状态
  TCP    0.0.0.0:135           0.0.0.0:0              LISTENING
  TCP    0.0.0.0:445           0.0.0.0:0              LISTENING
  TCP    0.0.0.0:47001         0.0.0.0:0              LISTENING
  TCP    0.0.0.0:49152         0.0.0.0:0              LISTENING
  TCP    0.0.0.0:49153         0.0.0.0:0              LISTENING
  TCP    0.0.0.0:49154         0.0.0.0:0              LISTENING
  TCP    0.0.0.0:49155         0.0.0.0:0              LISTENING
  TCP    0.0.0.0:49156         0.0.0.0:0              LISTENING
  TCP    0.0.0.0:49157         0.0.0.0:0              LISTENING
  TCP    192.168.1.10:139      0.0.0.0:0              LISTENING
  TCP    [::]:135              [::]:0                 LISTENING
  TCP    [::]:445              [::]:0                 LISTENING
  TCP    [::]:47001            [::]:0                 LISTENING
  TCP    [::]:49152            [::]:0                 LISTENING
  TCP    [::]:49153            [::]:0                 LISTENING
  TCP    [::]:49154            [::]:0                 LISTENING
  TCP    [::]:49155            [::]:0                 LISTENING
  TCP    [::]:49156            [::]:0                 LISTENING
  TCP    [::]:49157            [::]:0                 LISTENING
  UDP    0.0.0.0:123           *:*
  UDP    0.0.0.0:500           *:*
  UDP    0.0.0.0:4500          *:*
  UDP    0.0.0.0:5355          *:*
  UDP    192.168.1.10:137      *:*
  UDP    192.168.1.10:138      *:*
  UDP    [::]:123              *:*
  UDP    [::]:500              *:*
  UDP    [::]:4500             *:*
```

图 1-94　服务器端口状态

✿经验分享

在 Windows 中，可以通过命令“netstat -an”查看系统当前监听的端口。

netstat 是控制台命令，是监控 TCP/IP 网络的一个非常有用的工具，它可以显示路由表、实际的网络连接以及每一个网络接口设备的状态信息。netstat 用于显示与 IP、TCP、UDP 和 ICMP 协议相关的统计数据，一般用于检验本机各端口的网络连接情况。

2．通过 netstat 命令的显示，发现在本地服务器中，135、139、445 端口都是开启的。作为一台只承担 Web 角色的服务器，建议暂时关闭这些端口，我们可以通过“IP 安全策略”来禁止访问这些端口。单击任务栏【开始】菜单【管理工具】选择【本地安全策略】，如图 1-95 所示。

3．在弹出的如图 1-96 所示的界面中，单击【IP 安全策略，在本地计算机】，在右侧窗格空白处单击鼠标右键，选择【创建 IP 安全策略】。

4．在弹出的如图 1-97 所示的【IP 安全策略向导】界面中单击【下一步】按钮。

5．弹出如图 1-98 所示的界面，在【名称】中填写要创建的策略名称，然后单击【下一步】按钮。

6．弹出如图 1-99 所示的界面，在【安全通讯请求】中单击【下一步】按钮，然后弹出如图 1-100 所示界面，单击【完成】按钮开始编辑属性。

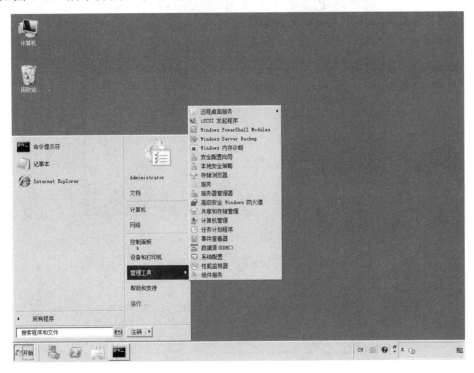

图 1-95　选择【本地安全策略】

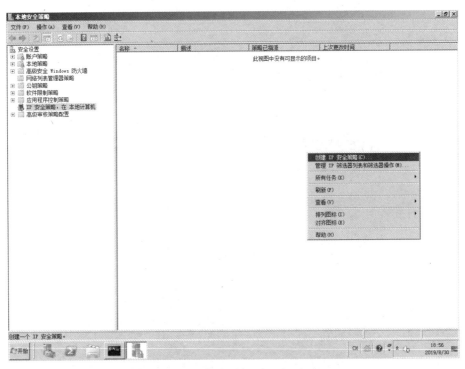

图 1-96　【本地安全策略】界面

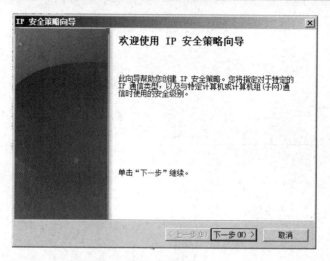

图 1-97 【IP 安全策略向导】界面

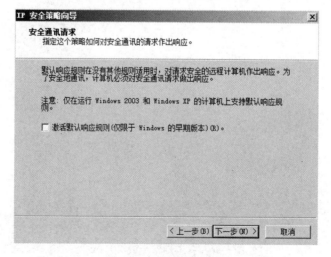

图 1-98 填写策略名称

图 1-99 安全通讯请求

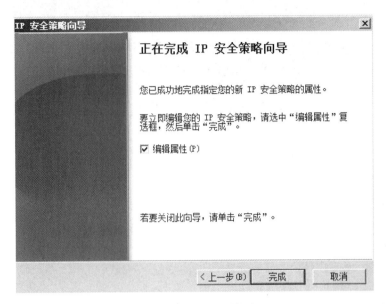

图 1-100　完成配置创建

7．在弹出的如图 1-101 所示【禁止 135、445 端口访问 属性】界面中，取消勾选【使用"添加向导"】，单击【添加】按钮，添加规则。

图 1-101　策略属性界面

8．弹出【新规则 属性】界面，在【IP 筛选器列表】选项卡中单击【添加】按钮，如图 1-102 所示。

9．弹出【IP 筛选器列表】界面，在【名称】文本框中填入列表名称，取消勾选【使用"添加向导"】。后单击【添加】按钮，如图 1-103 所示。

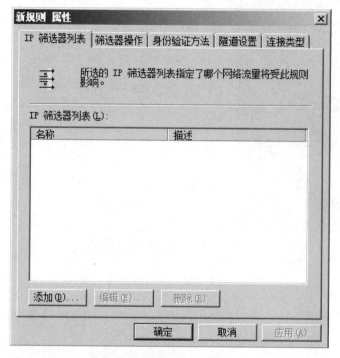

图 1-102 　【IP 筛选器列表】选项卡

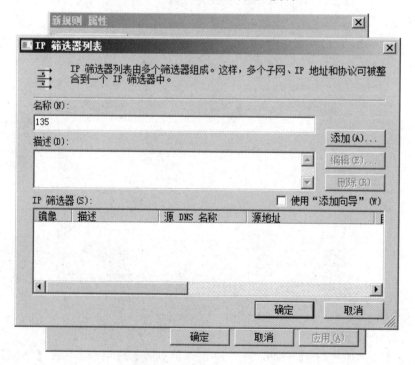

图 1-103 　【IP 筛选器列表】界面

10. 在【IP 筛选器 属性】界面中单击【地址】选项卡，在【源地址】和【目标地址】

下拉菜单中选择【任何 IP 地址】，如图 1-104 所示。

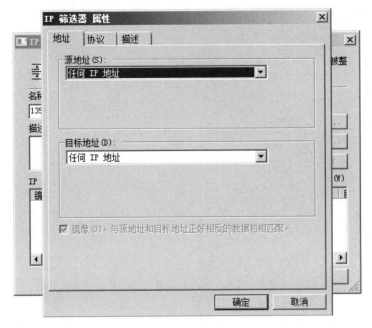

图 1-104　【IP 筛选器 属性】界面

11．单击【协议】选项卡，在【选择协议类型】下拉菜单中选择【TCP】，然后设置端口号。选择【到此端口】选项，并填入端口号 135。单击【确定】按钮保存配置，如图 1-105 所示。

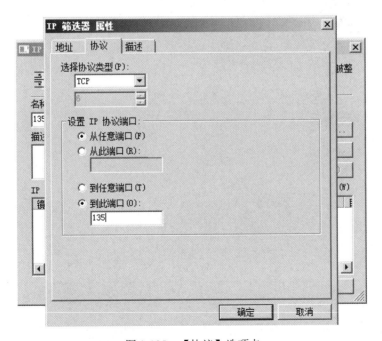

图 1-105　【协议】选项卡

12. 添加完成后，在【编辑规则 属性】界面选择【IP 筛选器列表】选项卡，如图 1-106 所示。

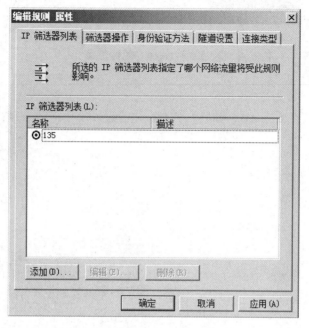

图 1-106 　【IP 筛选器列表】选项卡

13. 在【筛选器操作】选项卡界面中，单击【添加】按钮，如图 1-107 所示。

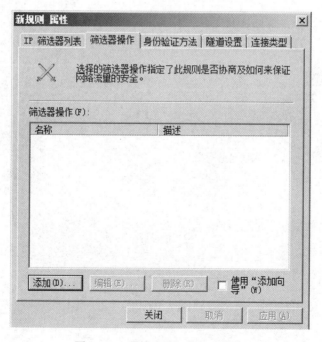

图 1-107 　【筛选器操作】选项卡

14. 弹出【新筛选器操作 属性】界面，在【安全方法】选项卡中，选择【阻止】后单击【确定】按钮保存配置，如图 1-108 所示。

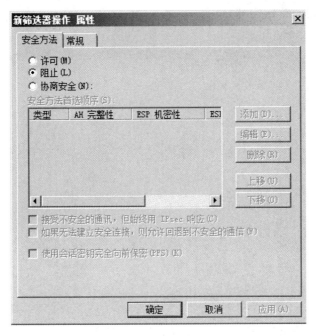

图 1-108　【新筛选器操作 属性】界面

15. 至此禁止访问本地 135 端口的规则配置完成，然后按照相同的方法配置 139 端口和 445 端口。并勾选已创建的规则后单击【确定】按钮，如图 1-109 所示。

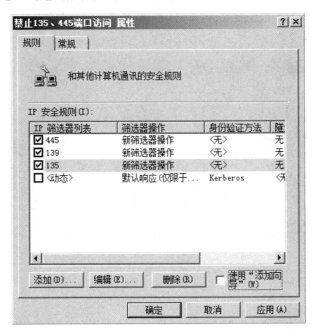

图 1-109　策略属性界面

16. 选中【禁止 135、445 端口】并单击鼠标右键，单击【分配】，应用策略，至此配置完成，如图 1-110 所示。

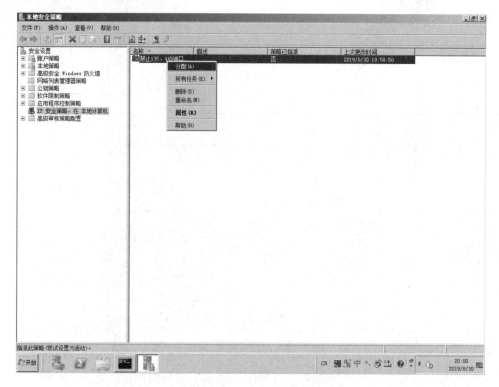

图 1-110　IP 安全策略界面

17．445 端口是文件共享服务端口。我们使用另一台服务器对应用了安全策略的服务器进行测试访问，发现已经无法访问了，并弹出如图 1-111 所示的【网络错误】界面。

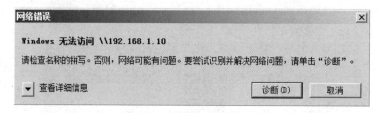

图 1-111　共享访问失败界面

★　任务验收

通过本任务的实施，学会 Windows 操作系统本地漏洞安全配置，使用 IP 安全策略关闭端口。

评价内容	评价标准	完成效果
Windows 操作系统本地漏洞安全配置	在规定时间内，完成 Windows 操作系统本地漏洞安全配置关闭系统端口	

★　拓展练习

通过配置 IP 安全策略，将 Windows Server 2008 R2 服务器操作系统的 135、139、445 端口关闭。

➤ 项目评价

考核内容	评价标准
1. 创建 RAID 磁盘。 2. 部署 Windows Server 2008 R2 操作系统。 3. NTFS 磁盘安全管理。 4. 加密本地系统驱动器。 5. 配置本地账户数据库安全。 6. 配置本地操作系统服务安全。 7. 配置本地操作系统注册表。 8. 配置本地操作系统端口安全	1. 能够根据任务要求，创建并管理基于 RAID-0 和 RAID-5 的磁盘，为安装 Windows Server 2008 R2 操作系统做准备。 2. 能够部署 Windows Server 2008 R2 操作系统和系统对应的驱动程序。 3. 能够针对不同用户设置文件夹权限，实现对文件夹的读、写控制。 4. 能使用 BitLocker 工具实现本地磁盘驱动器的加密和解锁功能。 5. 通过 syskey 实用工具配置本地账户数据库的安全，需要使用密码解锁数据库再进入系统登录界面。 6. 通过操作系统"服务"功能，关闭或打开存在系统安全风险的服务。 7. 通过添加或修改注册表值，提高操作系统安全性。 8. 通过配置本地 IP 安全策略，根据需求适当关闭本地服务端口，提高服务器安全性

项目习题

一、选择题

1. 如果 RAID-5 卷集在 5 个 10GB 磁盘，需要多大的空间存放奇偶性信息？（　　）

　　A．10GB　　　　　B．8GB　　　　　C．5GB　　　　　D．50GB

2. 下列关于密码策略描述不正确的是（　　）。

　　A．密码策略设置完成，可通过删除、修改功能对密码策略随时进行删除和修改

　　B．通过密码策略可以设置密码有效天数

　　C．通过密码策略可以设置密码是否允许被删改

　　D．通过密码策略无法设置密码必须包含字母和数字

3. 当我们对某磁盘进行 BitLocker 驱动器加密并重启后，此时该磁盘是什么状态？
（　　）

　　A．格式化　　　　B．解锁　　　　　C．未解锁　　　　D．未格式化

4. 文件共享服务的端口号是（　　）。

　　A．8080　　　　　B．135　　　　　　C．445　　　　　D．145

5. Windows Server 2008 R2 提供了大量的命令用来测试和监测网络的状态，其中（　　）命令用来查看服务器端口的状态。

　　A．ping　　　　　B．ipconfig　　　　C．netstat　　　　D．whoami

二、简答题

1. 简述 RAID-0，RAID-1，和 RAID-5 的区别。

2. 简述 NTFS 分区的作用。

三、操作题

NTFS 分区用户权限设置。

1．创建用户组 usergroup1 和 usergroup2。并创建 user1～6 用户，将 user1～3 加入 usergroup1 组，user4～6 加入 usergroup2 组。在服务器 D 盘为每个组创建属于自己的文件夹 usergroup1 和 usergroup2。

2．设置权限要求每个组中的用户可以访问本组的文件夹但不可访问其他组文件夹。用户不允许删除文件夹里面的文件。

项目 2　本地 Windows 服务器服务安全配置

> 项目描述

红星学校的新一批 Windows Server 2008 R2 服务器已经完成了本地操作系统的基本安全配置，对于在本地环境中使用的服务器来说，还有一些常规服务需要进行安全配置（远程桌面、DHCP、FTP 等），小张接到上级部门的要求，需要对这些服务进行加固，从而提升整体网络环境的安全性。

> 项目分析

通过分析，网络安全工程师小张认为完成本地操作系统基本服务的安全配置，应该从使用频率和安全危险系数等几个方面进行考虑。首先应该解决的是远程桌面安全问题，其次是 DHCP 和 FTP 的服务安全，再次是解决文件服务、打印服务的安全问题，最后配置本地防火墙，达到整体网络安全性的提升。项目流程如图 1-112 所示。

图 1-112　项目流程

任务 1　远程桌面服务安全

★　任务描述

网络安全工程师小张承担红星学校服务器的系统加固工作。通过前期与学校网络管理人员的沟通交流，学校拥有多台 Windows Server 2008 R2 服务器，平时管理员使用频率最高的服务是远程桌面，但是对该服务的了解还仅限于使用层面，未对其进行过任何的安全加固，产生了较高的网络安全隐患。通过沟通，小张决定在本地 Windows 服务器服务安全加固项目中，先从远程桌面服务开始进行。

微课 9

★　任务分析

在学校或者企业中，Windows Server 2008 R2 服务器数量普遍较多，网络管理员通常使用远程桌面工具进行管理与维护。远程桌面服务如果没有进行严格的安全加固，将会引发严重的网络安全问题。在 Windows Server 2008 R2 服务器中，可以通过远程桌面会话配置，进行禁止默认管理员账户授权登录、设置连接回话时间和修改默认端口设置，达到终端安全防护的目的。

✿知识链接

　　远程桌面是微软公司为了方便网络管理员管理、维护服务器而推出的一项服务。从 Windows Server 2000 版本开始引入，网络管理员使用该程序连接到网络中任意一台开启了远程桌面控制功能的计算机上，就好比自己操作该计算机一样，可以自由运行程序、维护数据库等。

　　3389 端口是远程桌面服务默认端口，黑客会通过 3389 端口进入计算机，种植木马。Administrator 是系统的默认管理员账户，我们可以通过配置账户的远程登录权限防止非法登录。

★　任务实施

一、修改远程桌面默认端口

　　1. 使用【Ctrl+R】快捷键打开如图 1-113 所示的【运行】界面，在【打开】文本框中输入【regedit】。单击【确定】按钮后，进入【注册表编辑器】。

　　2. 需要更改注册表的位置一共有两处，在如图 1-114 所示的注册表编辑器中，找到以下路径：

　　HKEY_LOCAL_MACHINE\SYSTEM\CurrentControlSet\Control\Terminal Server\Wds\rdpwd\ Tds\tcp。

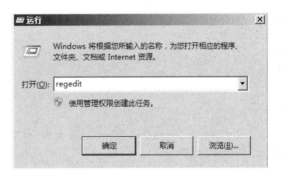

图 1-113　【运行】界面

图 1-114　【注册表编辑器】界面 1

3．双击【PortNumber】，弹出【编辑 DWORD(32 位)值】界面，如图 1-115 所示，系统默认端口号（PortNumber）为 3389，将【数值数据】修改为 20000，【基数】选择【十进制】后单击【确定】按钮，如图 1-116 所示。

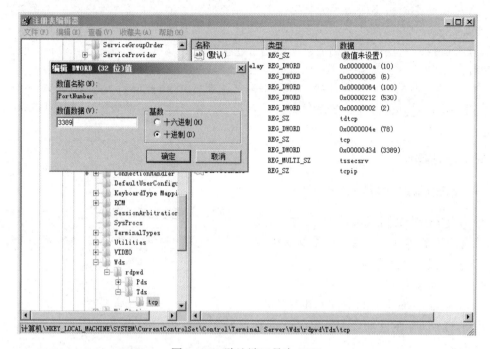

图 1-115　默认端口号为 3389

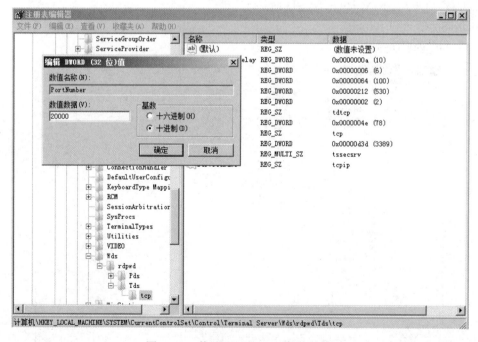

图 1-116　修改 PortNumber 数值数据

4．在注册表编辑器中，找到以下路径：

HKEY_LOCAL_MACHINE\SYSTEM\CurrentContro1Set\Control\TenninalServer\WinStations\RDP-Tcp，如图 1-117 所示。

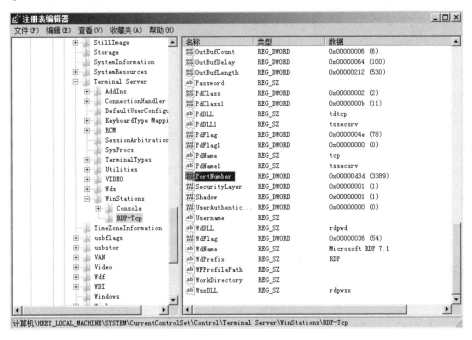

图 1-117　【注册表编辑器】界面 2

5. 双击【PortNumber】，弹出【编辑 DWORD(32 位)值】界面，如图 1-118 所示，系统默认端口号为 3389，将【数值数据】修改为 20000，基数选择【十进制】，单击【确定】按钮，如图 1-119 所示。

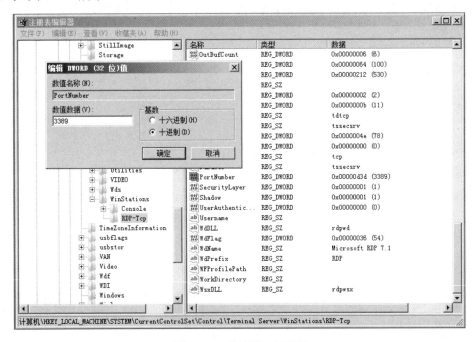

图 1-118　默认端口号配置

图 1-119　修改端口配置

二、设置远程登录账户

1. 打开【服务器管理器】，单击左侧窗格中【本地用户和组】下的【用户】，在中间窗格选择【Administrator】并单击鼠标右键，如图 1-120、图 1-121 所示。

图 1-120　本地用户和组管理界面 1

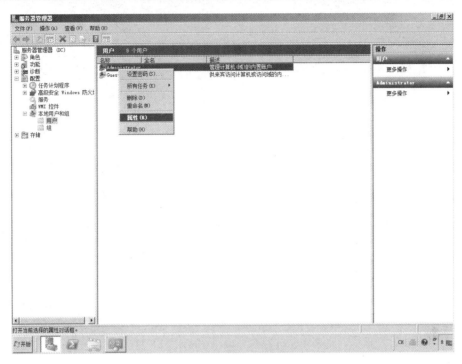

图 1-121　本地用户和组管理界面 2

2．弹出【Administrator 属性】界面，选择【远程桌面服务配置文件】选项卡，勾选【拒绝该用户登录到远程桌面会话主机服务器的权限】，然后单击【确定】按钮，如图 1-122 所示。

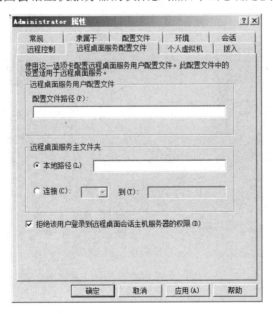

图 1-122　【远程桌面服务配置文件】选项卡界面

3．添加一个新的管理员账户【adminqs】用于远程管理，如图 1-123 所示。
4．在桌面选中【计算机】单击鼠标右键，选择【属性】，如图 1-124 所示。

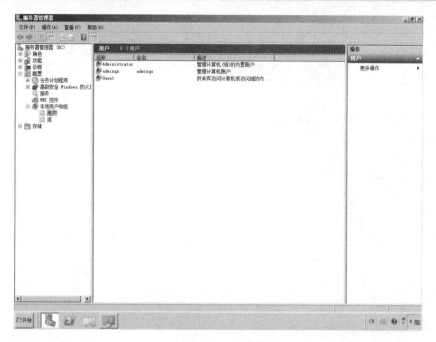

图 1-123　添加新账户

图 1-124　右击计算机选择【属性】

5．出现【系统】界面，单击【远程设置】，如图 1-125 所示。

6．出现【系统属性】界面，在【远程】选项卡中单击【选择用户】按钮，如图 1-126 所示。

7．在弹出的【远程桌面用户】界面中单击【添加】按钮，添加允许远程管理的用户，如图 1-127 所示。

图 1-125　【系统】界面

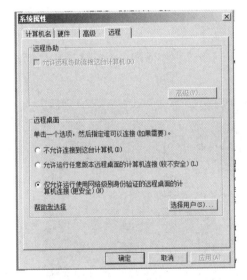

图 1-126　【系统属性】界面

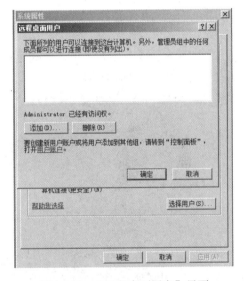

图 1-127　【远程桌面用户】界面

8．在如图 1-128 所示界面中输入用户名【adminqs】并单击【确定】按钮添加用户。弹出图 1-129 所示【远程桌面用户】界面，然后单击【确定】按钮。

9．在如图 1-130 所示界面中单击【确定】按钮，远程桌面用户配置完成。

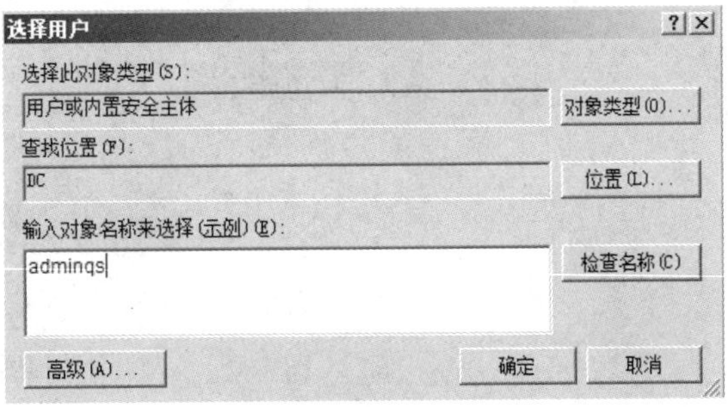

图 1-128　添加用户界面 1

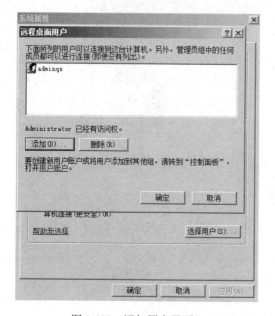
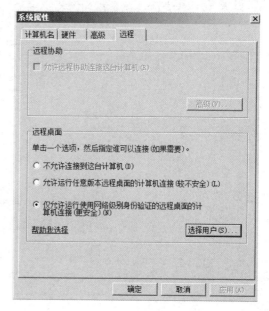

图 1-129　添加用户界面 2　　　　　　　　　图 1-130　【系统属性】界面

三、设置远程桌面会话连接

1. 打开桌面【开始】菜单，选择【管理工具】→【远程桌面服务】→【远程桌面会话主机配置】，如图 1-131 所示。

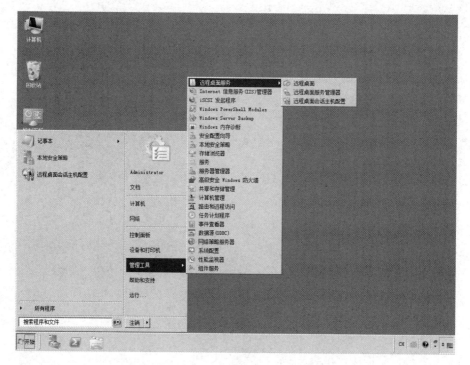

图 1-131　打开远程桌面会话主机配置

2．弹出如图 1-132 所示界面，选择【RDP-Tcp】并单击鼠标右键打开【属性】界面，如图 1-133 所示。

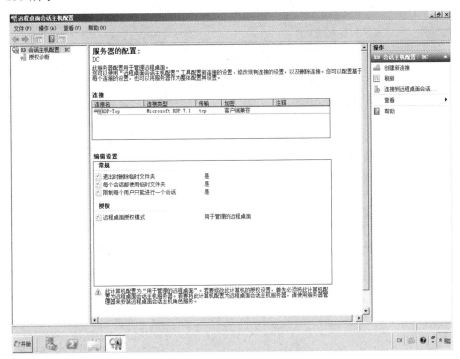

图 1-132　【远程桌面会话主机配置】界面 1

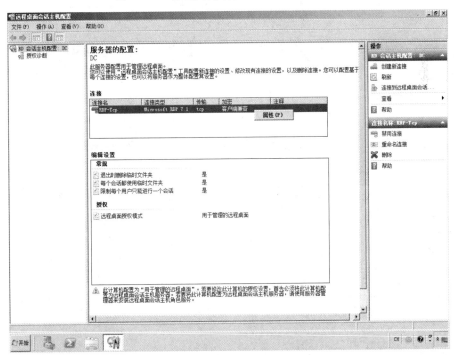

图 1-133　【远程桌面会话主机配置】界面 2

3. 在【RDP-Tcp 属性】界面，选择【网络适配器】选项卡，设置【最大连接数】为 2，如图 1-134 所示。

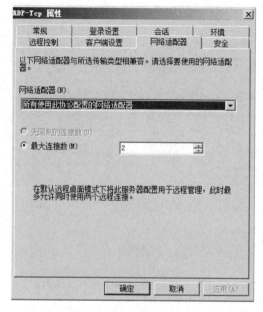

图 1-134 　【网络适配器】选项卡

4.【会话】选项卡默认界面如图 1-135 所示，勾选【改写用户设置】，更改【结束已断开的会话】为 5 分钟、【活动会话限制】为 1 小时、【空闲会话限制】为 15 分钟，【达到会话限制或连接中断时】选择【结束会话】，然后单击【确定】按钮应用设置，如图 1-136 所示。

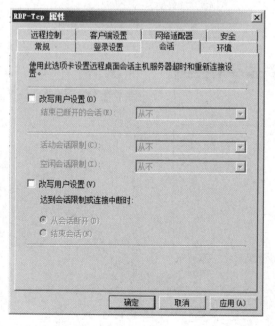

图 1-135 　【会话】选项卡界面 1

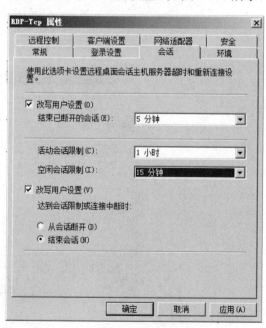

图 1-136 　【会话】选项卡界面 2

四、测试

安全配置已经完成，使用客户机远程登录服务器进行测试。

1. 在远程桌面连接中输入"服务器 IP 地址：端口号"后单击【连接】按钮，如图 1-137 所示。

图 1-137　远程桌面连接

2. 在如图 1-138 所示界面中输入用户密码，单击【确定】按钮。弹出如图 1-139 所示的证书确认对话框，单击【是】按钮，进入远程服务器，如图 1-140 所示。

图 1-138　输入用户名密码

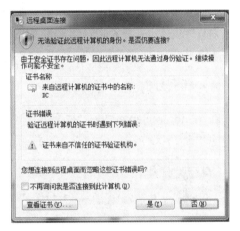

图 1-139　证书确认界面

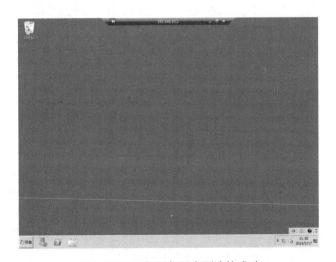

图 1-140　远程服务器桌面连接成功

★ **任务验收**

通过本任务的实施，学会远程桌面服务的安全配置。

评价内容	评价标准	完成效果
远程桌面服务安全	在规定时间内，完成远程桌面服务安全配置	

★ **拓展练习**

将远程桌面服务的默认端口 3389 修改为 23000，并通过配置避免本地管理员账户的远程桌面服务漏洞。

任务 2　DHCP 安全配置（备份迁移）

★ **任务描述**

微课 10

在完成本地服务器操作系统安全加固的过程中，网络安全工程师小张发现 Windows 服务器存储大量信息，有时需要保留服务状态信息，所以小张将要进行服务状态的备份配置。

★ **任务分析**

在 Windows Server 2008 R2 服务器中，可以通过 Windows Server Backup 备份计划来进行 DHCP 服务文件的备份，以提供稳定的服务。

✿经验分享

　　Windows Server Backup 可以备份一个完整的服务器（所有卷）、所选卷、系统状态或特定的文件或文件夹，并创建一个备份，可以使用裸机恢复。同时也可以恢复卷、文件夹、文件、某些应用程序和系统状态。该功能主要是在硬盘故障等意外情况下，执行裸机恢复。DHCP 服务的配置文件和日志文件默认保存在系统盘下的"\Windows\system32\dhcp"文件夹中。

★ **任务实施**

1. 在【服务器管理器】界面中，单击任务栏【服务器管理工具】→【功能】，单击右侧窗格【添加功能】，如图 1-141 所示。

2. 在弹出的如图 1-142 所示界面中，勾选【Windows Server Backup 功能】，然后单击【下一步】按钮。出现如图 1-143 所示界面表示安装成功。

3. 打开【开始】菜单，选择【管理工具】→【Windows Server Backup】，如图 1-144 所示。

4. 单击右侧【备份计划】，使用向导创建一个 DHCP 备份计划，如图 1-145 所示。

5. 弹出【备份计划向导】界面，单击【下一步】按钮，创建计划，如图 1-146 所示。

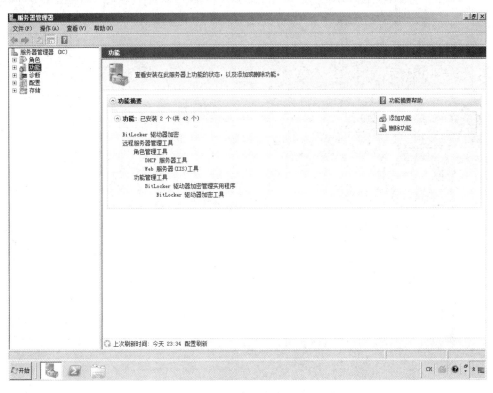

图 1-141 【服务器管理器】界面

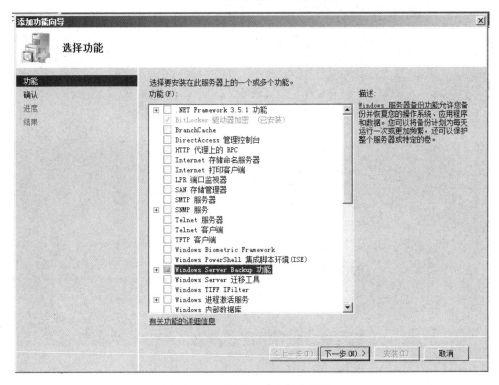

图 1-142 【添加功能向导】界面 1

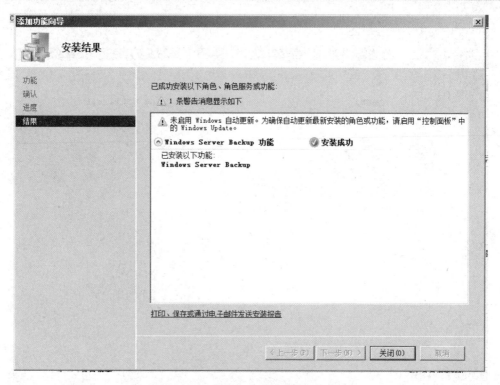

图 1-143 【添加功能向导】界面 2

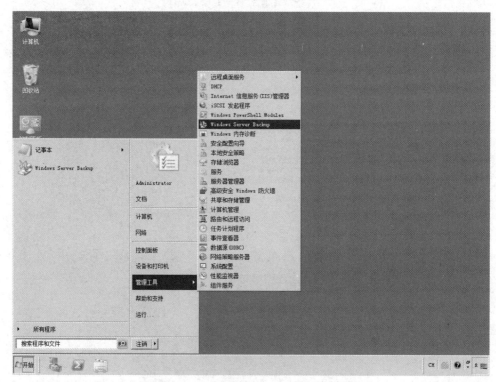

图 1-144 打开 Windows Server Backup 工具

图 1-145　【Windows Server Backup】工具界面

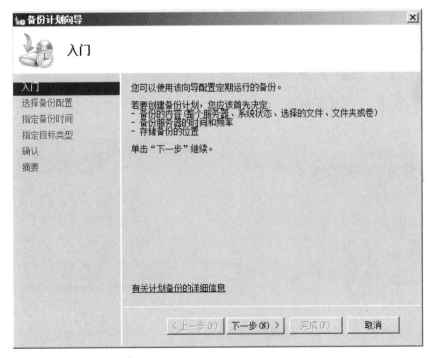

图 1-146　【备份计划向导】界面

6. 选择【自定义】，然后单击【下一步】按钮，如图 1-147 所示。

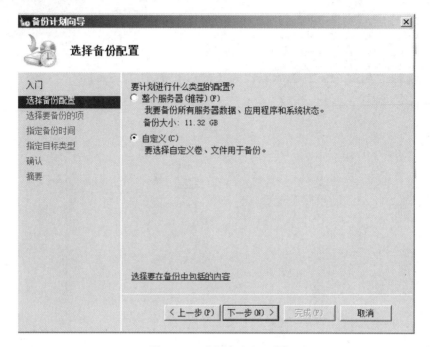

图 1-147　选择自定义计划

7. 在如图 1-148 所示界面中单击【添加项】按钮，弹出如图 1-149 所示的【选择项】界面，勾选 DHCP 服务的文件位置，然后单击【确定】按钮。DHCP 服务的配置文件和日志文件默认保存在"本地磁盘(C:)\Windows\system32\dhcp"文件夹中。

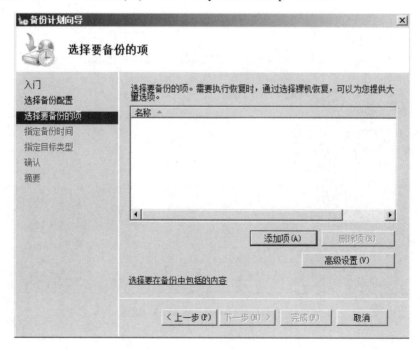

图 1-148　单击【添加项】按钮

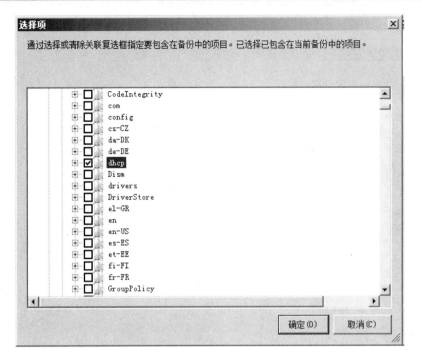

图 1-149　选择 DHCP 服务文件位置

8. 单击【下一步】按钮，如图 1-150 所示。

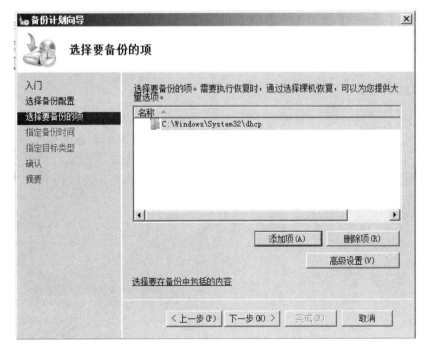

图 1-150　选择要备份的项

9. 选择进行备份的时间后单击【下一步】按钮，如图 1-151 所示。

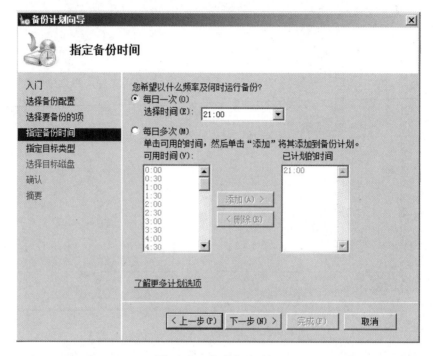

图 1-151　指定备份时间

10. 选择【备份到卷】选项，单击【下一步】按钮，如图 1-152 所示。

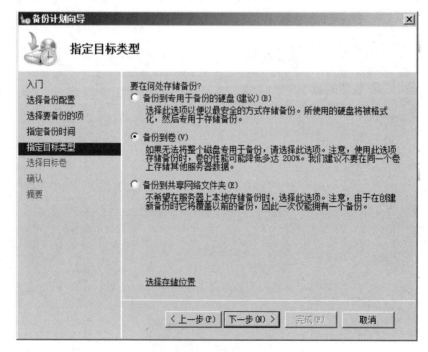

图 1-152　指定目标类型

11．在如图 1-153 所示界面中单击【添加】按钮，弹出【添加卷】界面，选择卷后单击【确定】按钮。我们选择将备份文件存放在 E 盘，如图 1-154 所示。

✿经验分享

这里需要注意的是注意磁盘的存储空间大小，需要备份的内容容量，不能大于磁盘容量。

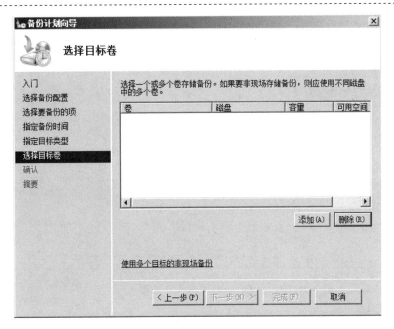

图 1-153　选择目标卷

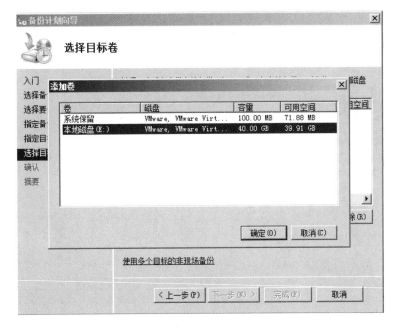

图 1-154　【添加卷】界面

12. 在如图 1-155 所示界面单击【下一步】按钮配置完成后，在如图 1-156 所示界面中单击【完成】按钮。

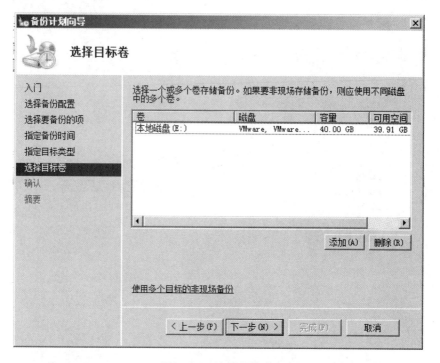

图 1-155　选择目标卷

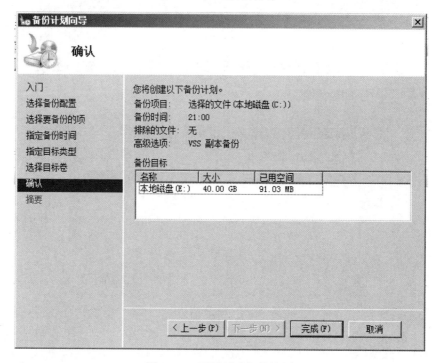

图 1-156　开始创建备份计划

13．单击【关闭】按钮成功创建备份计划，如图 1-157 所示。

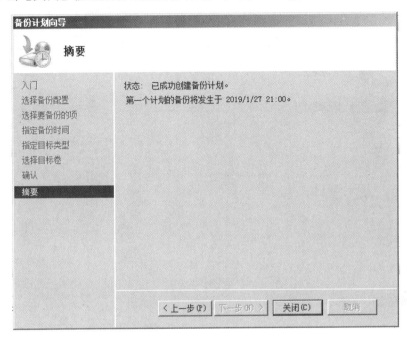

图 1-157　备份计划创建成功

14．计划创建好之后，并不会立即开始备份。我们可以手动执行一次性备份，来创建第一次的备份。打开【Windows Server Backup】界面，单击右侧窗格中的【一次性备份】，如图 1-158 所示。

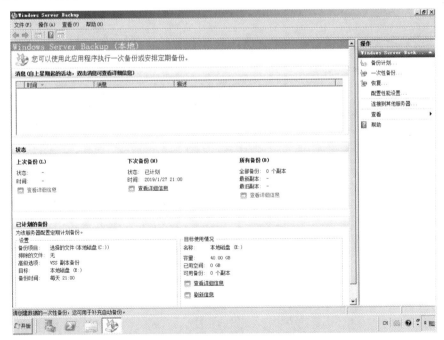

图 1-158　【Windows Server Backup】界面

15. 在【一次性备份向导】界面中，选择【计划的备份选项】，然后单击【下一步】按钮，如图 1-159 所示。

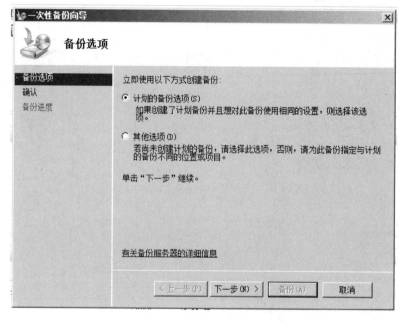

图 1-159 【一次性备份向导】界面 1

16. 单击【备份】按钮开始创建备份，如图 1-160 所示。

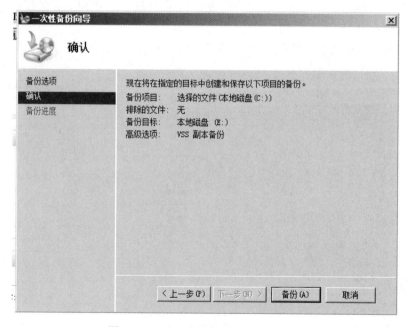

图 1-160 【一次性备份向导】界面 2

17. 等待备份完成后可以看到项目日志，如图 1-161 所示为本地磁盘（C:）已完成备份。

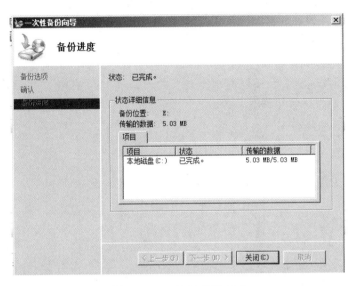

图 1-161　一次性备份成功

★　任务验收

通过本任务的实施，学会使用 Windows Server Backup 功能备份 DHCP 配置文件。

评价内容	评价标准	完成效果
DHCP 安全配置（备份迁移）	在规定时间内，完成使用 Windows Server Backup 功能备份 DHCP 配置文件	

★　拓展练习

使用 Windows Server 2008 R2 操作系统的备份功能，将 DNS 服务进行备份设置，要求每天晚上 10 点进行备份，备份到目标卷（E 盘根目录）。

任务 3　FTP 服务的安全配置

★　任务描述

小赵是学校网络服务器管理员，承担服务器的系统加固工作。技术人员在学校架设了 FTP 文件共享服务器，但用户访问规则和访问权限中存在漏洞，现在小赵需要对服务进行安全加固。

★　任务分析

微课 11

在 Windows Server 2008 R2 服务器中，可以通过 FTP 访问地址限制、FTP 授权规则、FTP 请求筛选工具、日志、磁盘配额等安全加固手段达到专人专用的目的，防止越级用户、提权等安全问题的发生。

Windows 操作系统安全配置

★ 任务实施

1. 单击【开始】菜单，打开【管理工具】，单击【Internet 信息服务（IIS）管理器】，如图 1-162 所示。

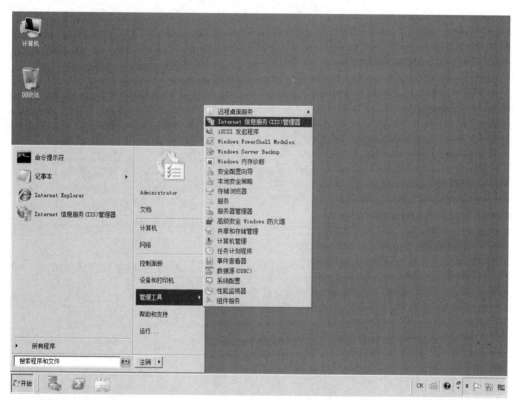

图 1-162 打开 Internet 信息服务（IIS）管理器

2. 选择左侧【网站】下的【ftp】站点，如图 1-163 所示。

3. 单击【FTP 授权规则】。在此我们添加 FTP 站点的用户访问权限，如图 1-164 所示。

4. 在如图 1-165 所示界面单击右侧窗格中【添加允许规则】。

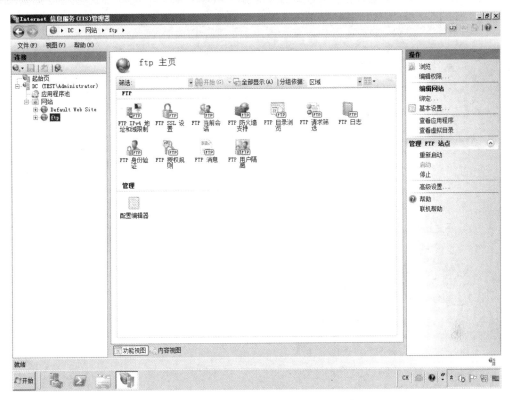

图 1-163　【Internet 信息服务（IIS）管理器】主页界面

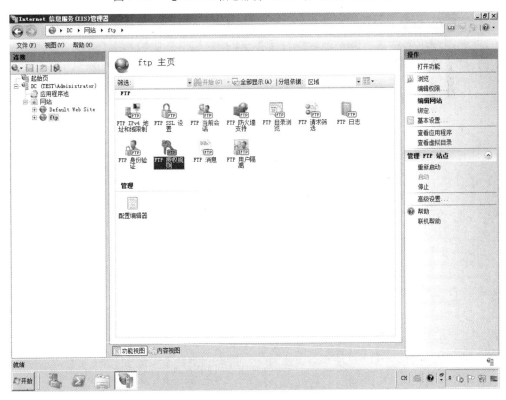

图 1-164　选择 FTP 授权规则

图 1-165　FTP 授权规则 1

5．已经在系统中创建好了一个用户"user1"，在站点中添加这个用户权限，允许用户在 FTP 站点使用上传和下载功能。选择【指定的用户】，然后输入用户名。在权限中勾选【读取】和【写入】后单击【确定】按钮，如图 1-166 所示。

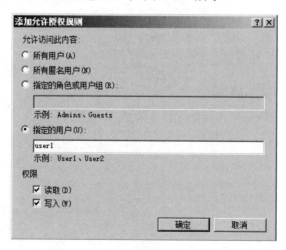

图 1-166　添加允许授权规则-指定用户

6．继续设置匿名用户的使用权限。单击右侧窗格中【添加允许规则】，如图 1-167 所示。

图 1-167　FTP 授权规则 2

7. 弹出【添加允许授权规则】界面，选择【所有匿名用户】，权限勾选【读取】，然后单击【确定】按钮，如图 1-168 所示。

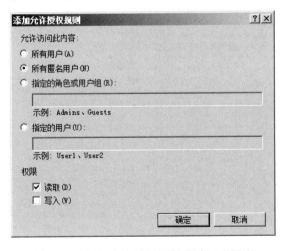

图 1-168　添加允许授权规则-所有匿名用户

IP 限制一般分为两种：允许特定 IP 域访问网站和阻止特定 IP 域访问网站。以下讲解允许特定 IP 域访问网站的配置方法。

8. 在 ftp 主页中单击【FTP IPv4 地址和域限制】，如图 1-169 所示。

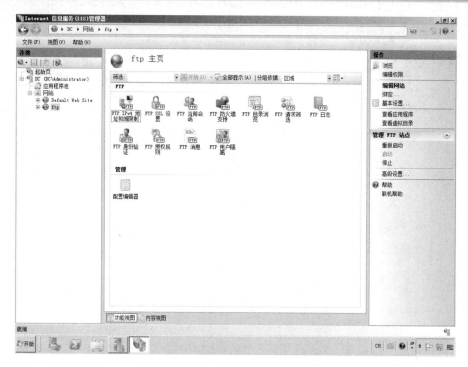

图 1-169　选择【FTP IPv4 地址和域限制】

9．在如图 1-170 所示界面中单击【添加允许条目】。然后在弹出的【添加允许限制规则】界面中选择【IP 地址范围】，输入 IP 地址范围和掩码，如图 1-171 所示。

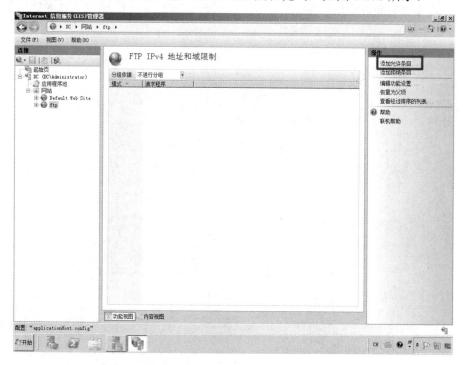

图 1-170　添加允许条目

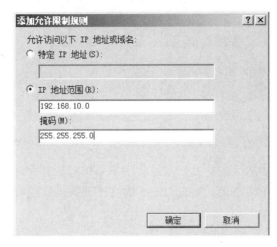

图 1-171　【添加允许限制规则】对话框

10．在如图 1-172 所示界面中单击右侧窗格的【编辑功能设置】，在【编辑 IPv4 地址和域限制设置】界面中，将【未指定的客户端的访问权】设置为【拒绝】，如图 1-173 所示。

图 1-172　编辑功能设置

图 1-173　【编辑 IPv4 地址和域限制设置】对话框

通过设置拒绝文件扩展名的方式，来禁止用户上传可执行文件到 FTP 服务器，可以防止木马和病毒文件上传至服务器。在此以 .exe 的文件为例进行说明。

✿**经验分享**

　　IIS7 请求过滤功能模块：通过这个模块可以从各种角度（文件扩展名、URL、Http Verb、Http header、Query string）对请求进行过滤。不仅可以过滤 FTP 服务请求，Http 服务也同样适用。比如在有些情况下，我们需要允许客户上传文件，与此同时又要禁止上传特定扩展名的文件，就可以通过配置来实现这一功能。

11．在如图 1-174 所示界面中，选择【FTP 请求筛选】，进入 FTP 请求筛选功能界面。

图 1-174　选择【FTP 请求筛选】

12．在如图 1-175 所示界面中，单击右侧【拒绝文件扩展名】。在【拒绝文件扩展名】

界面【文件扩展名】文本框中输入".exe"后单击【确定】按钮，如图 1-176 所示。

图 1-175　FTP 请求筛选

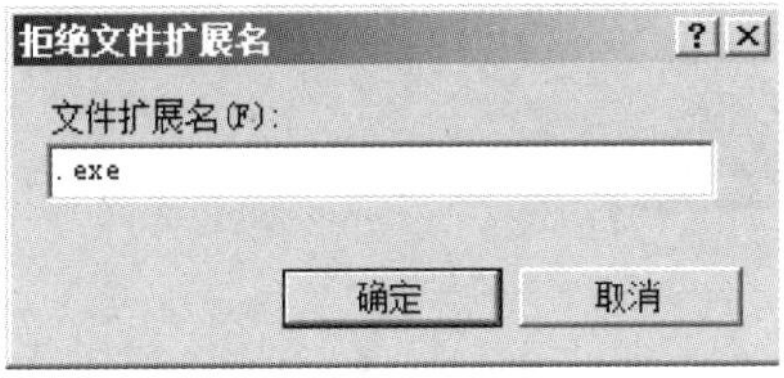

图 1-176　添加文件扩展名

设置 IIS 日志记录内容和文件储存位置。

IIS 日志主要用于记录用户对网站的访问行为，简单地说，网站 IIS 日志就是指记录各种搜索引擎来访并抓取网站的行为状态码，并以文件的方式生成 IIS 日志。日志文件是用户访问服务器的重要依据，如果服务出现问题，可以根据日志追溯故障问题。

✿知识链接

IIS7 的 FTP 日志文件默认位置为 C:\inetpub\logs\LogFiles，IIS 的 WWW 日志也是默认每天一个日志。日志文件的名称格式是：ex+年份的末两位数字+月份+日期，如 2002 年 8 月 10 日的 WWW 日志文件是 ex020810.log。日志文件是文本文件，可以使用任何编辑器打开，例如记事本程序。

13. 单击【FTP 日志】，如图 1-177 所示。

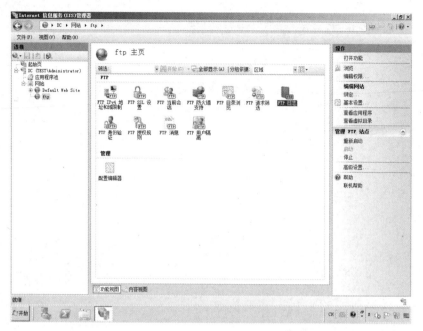

图 1-177　选择 FTP 日志

14. 在如图 1-178 所示界面单击【选择 W3C 字段】按钮，设置日志需要记录的信息内容。

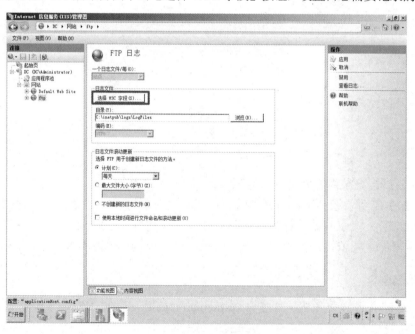

图 1-178　选择 W3C 字段

15. 在弹出的【要记录的信息】界面中，选择日志需要记录的内容。勾选【日期】、【时间】、【客户端 IP 地址】、【用户名】、【服务器 IP 地址】、【方法】、【URI 资源】、【服务器端口】和【完整路径】，然后单击【确定】按钮，如图 1-179 所示。

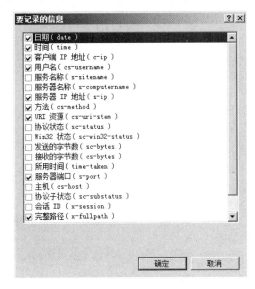

图 1-179　设置需要记录的信息

16. 设置日志文件储存位置，在如图 1-180 所示界面单击【浏览】按钮。

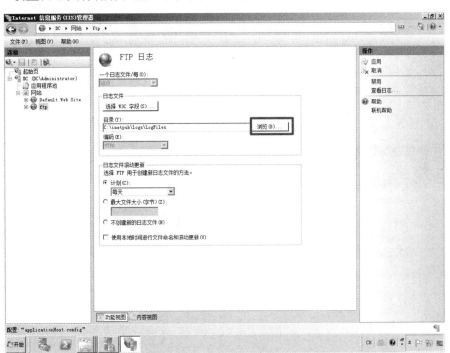

图 1-180　单击【浏览】按钮

❀经验分享

建议不要使用默认的目录，更换一个记录日志的路径，同时设置日志文件夹的访问权限为只允许管理员和 SYSTEM 有完全控制的权限。

17. 选择文件夹位置后单击【确定】按钮，完成设置。在此我们将文件储存位置设为"E:\ LogFiles"，如图 1-181 所示。

图 1-181　设置日志文件存储位置

在文件 ftp 服务器中配置用户磁盘也是一项重要内容。通过磁盘配额的设置可以防止用户上传的文件超过磁盘容量，避免造成服务器故障。

✿ 知识链接

在本质上磁盘配额就是限制某些用户过度使用磁盘空间，保护磁盘不至于过于饱和导致其他用户无法使用该磁盘空间。给用户一定的磁盘空间使用限制，比如设置警告容量，当达到警告容量时，系统会对其进行提醒，一旦用户使用量达到限制容量大小，便无法在该磁盘继续创建文件。使用 NTFS 文件系统才能实现这一功能。

---

18. 在如图 1-182 所示界面选择磁盘，右键单击【属性】，打开磁盘属性界面。

图 1-182　单击【属性】

19．在【配额】选项卡中。勾选【启用配额管理】和【拒绝将磁盘空间给超过配额限制的用户】，如图 1-183 所示。

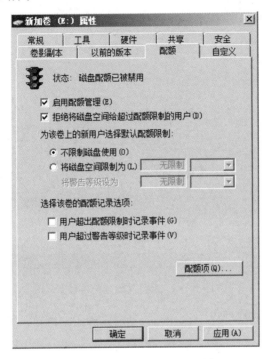

图 1-183　磁盘属性-配额选项卡

20．单击图 1-183 中的【配额项】按钮，弹出如图 1-184 所示界面，单击【配额】，在下拉菜单中选择单击【新建配额项】，如图 1-185 所示。

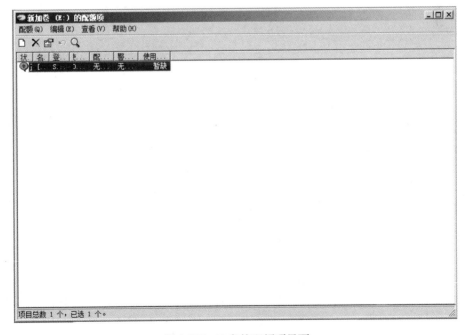

图 1-184　E 盘的配额项界面

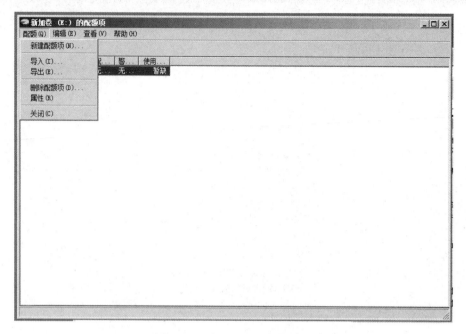

图 1-185　选择【新建配额项】

21. 输入需要设置的用户名"user1"后单击【确定】按钮，如图 1-186 所示。

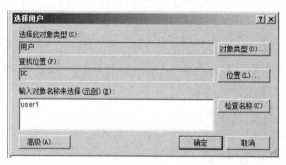

图 1-186　选择用户界面

22. 设置用户配额空间，选择【将磁盘空间限制为】，输入需要限制的磁盘空间。在此设置为 1GB，当使用 700MB 时开始警告。然后单击【确定】按钮并关闭界面，如图 1-187 所示。

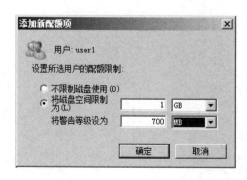

图 1-187　设置用户配额空间

23．弹出【磁盘配额】提示框，单击【确定】按钮后应用配额设置，如图 1-188 所示。

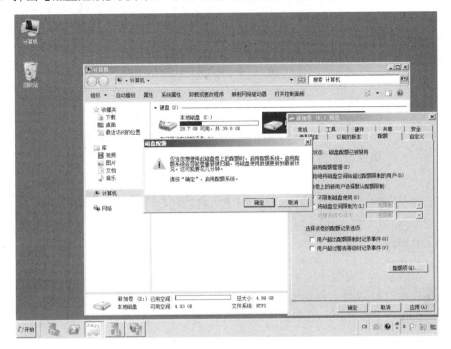

图 1-188　应用磁盘配额

24．设置用户的账户锁定阈值，可防止黑客通过暴力破解的方式猜测用户账户。设置【账户锁定时间】为 30 分钟、【账户锁定阈值】为 3 次无效登录、【重置账户锁定计数器】为 30 分钟之后，如图 1-189 所示。

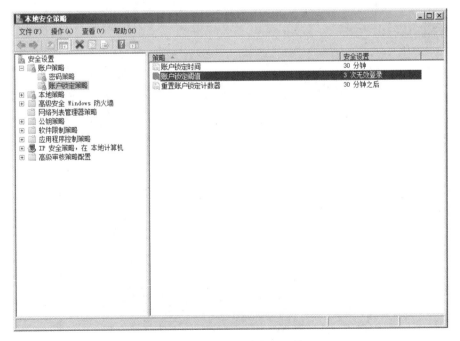

图 1-189　设置账户锁定阈值

★ **任务验收**

通过本任务的实施，学会 FTP 服务的安全配置。

评价内容	评价标准	完成效果
FTP 服务的安全配置	在规定时间内，完成 FTP 服务的安全配置	

★ **拓展练习**

通过配置本地 Windows Server 2008 R2 服务器操作系统的 FTP 服务，避免其他用户通过越级用户、提权等操作的攻击。

任务 4　Windows 服务器文件服务安全

★ **任务描述**

网络安全工程师小张接到上级部门的要求，在学校架设了文件服务器，但用户访问规则和访问权限中存在漏洞，现在需要对服务进行安全加固。

★ **任务分析**

在 Windows Server 2008 R2 服务器中，可以通过用户限制、共享权限和限制长传文件类型等安全加固手段，实现对文件服务的安全保证。

微课 12

★ **任务实施**

1. 在任务栏中单击【开始】菜单→【管理工具】→【共享和存储管理】，进入共享和存储管理界面进行操作，如图 1-190 所示。

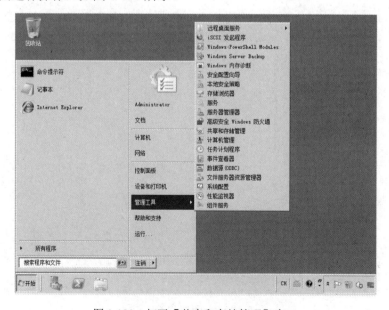

图 1-190　打开【共享和存储管理】窗口

2. 在【共享和存储管理（本地）】界面中，单击【设置共享】，进入设置共享文件向导，如图 1-191 所示。

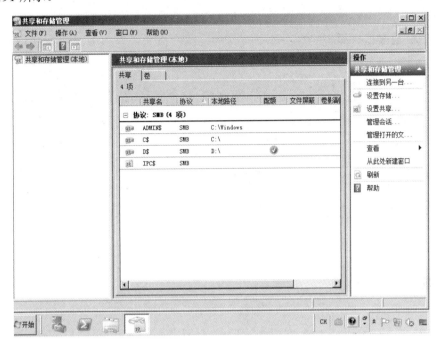

图 1-191 共享和存储管理界面

3. 单击【浏览】按钮选择要共享文件夹的位置"d:\smb\test1"，然后单击【下一步】按钮，如图 1-192 所示。

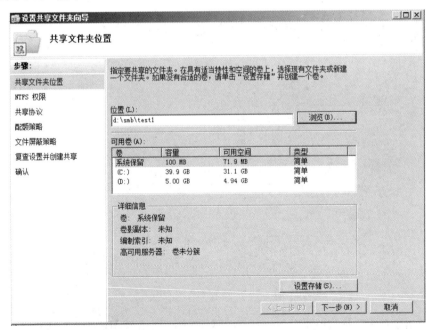

图 1-192 选择要共享的文件夹位置

4．在如图 1-193 所示界面单击【编辑权限】按钮。在弹出的【test1 的权限】界面中给共享文件 test1 添加用户并赋予用户权限（只保留 test1、Administrator、Administrators），设置完成后单击【确定】按钮，如图 1-194 所示。

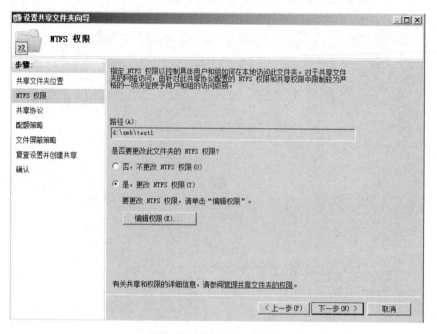

图 1-193　更改 NTFS 权限

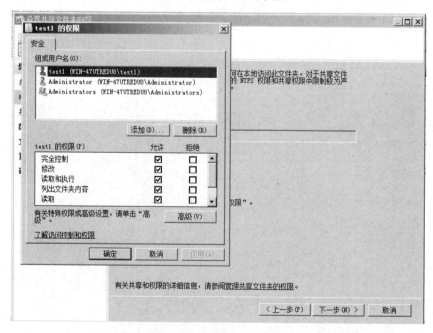

图 1-194　设置文件夹权限

5．在如图 1-195 所示界面中勾选【SMB】选项，使用 SMB 协议进行共享，填写文件共享名"test1"，然后单击【下一步】按钮。

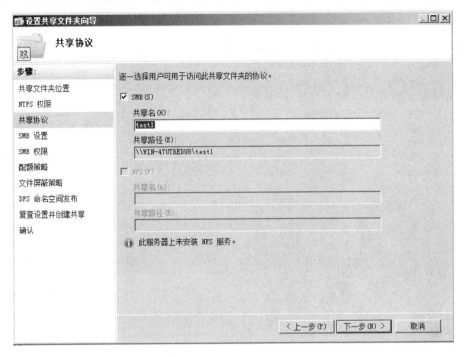

图 1-195　设置共享名

6. 在如图 1-196 所示界面中单击【高级】按钮，进行用户限制和基于访问限制的枚举。

图 1-196　SMB 设置

7. 在弹出的【高级】界面中，选择【用户限制】选项卡。勾选【启用基于访问权限的枚举】，然后单击【确定】按钮，如图 1-197 所示。

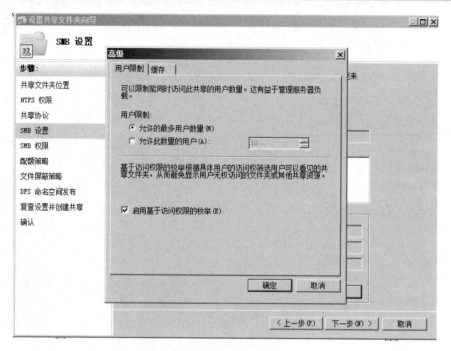

图 1-197　启用基于访问权限的枚举

8．在如图 1-198 所示界面中选择【用户和组具有自定义共享权限】后，单击【权限】按钮进行权限上的分配部署。在弹出的【test1 的权限】界面中，给 Everyone 用户赋予更改和读取的权限，勾选完成后，单击【确定】按钮，如图 1-199 所示。

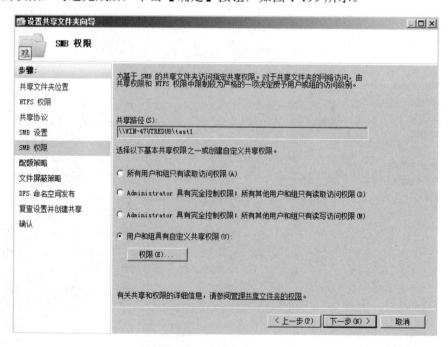

图 1-198　设置 SMB 权限 1

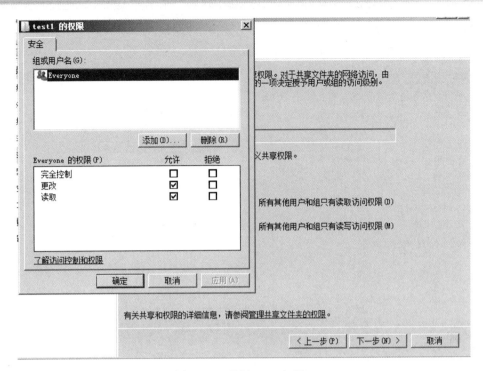

图 1-199　设置 SMB 权限 2

9. 在如图 1-200 所示界面中确认信息，单击【创建】按钮完成配置，如图 1-201 所示。

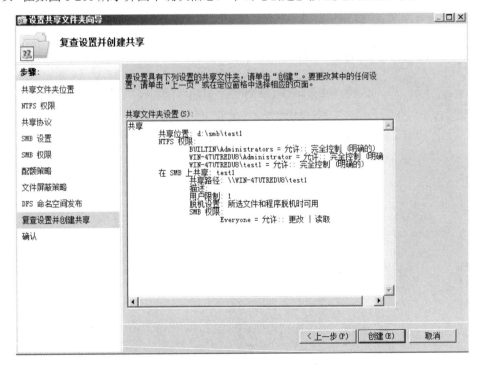

图 1-200　创建共享

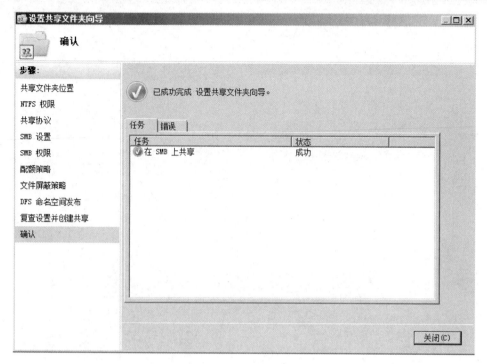

图 1-201　创建完成

10．仿照上述 test1 文件夹的创建方法，完成对 test2 文件夹共享的操作。

11．在【服务器管理器】界面中，在左侧窗格选择【角色】，单击右侧窗格的【添加角色】，如图 1-202 所示。

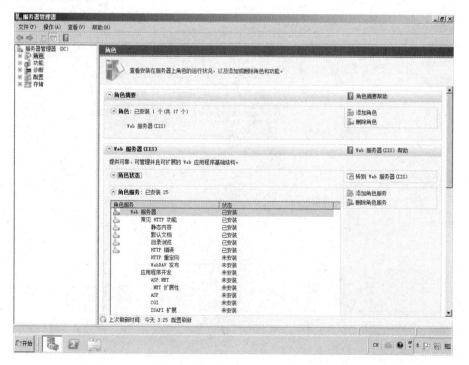

图 1-202　选择添加角色

12．在弹出的【添加角色向导】界面中勾选【文件服务】，然后单击【下一步】按钮，如图 1-203 所示。

图 1-203 勾选【文件服务】

13．勾选【文件服务器资源管理器】后单击【下一步】按钮，如图 1-204 所示。

图 1-204 勾选【文件服务器资源管理器】

14. 在如图 1-205 所示【配置存储使用情况监视】界面中，单击【下一步】按钮。然后在如图 1-206 所示【确认安装选择】界面中单击【安装】按钮。

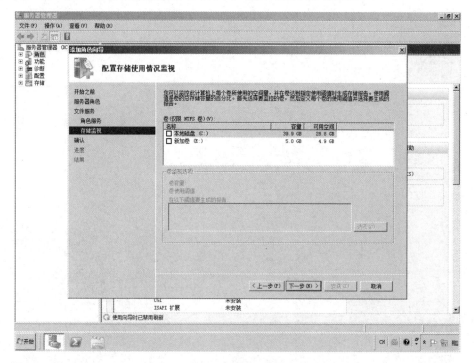

图 1-205　【配置存储使用情况监视】界面

图 1-206　开始安装服务

15. 单击【开始】菜单→【管理工具】→【文件服务器资源管理器】，打开工具，如图 1-207 所示。

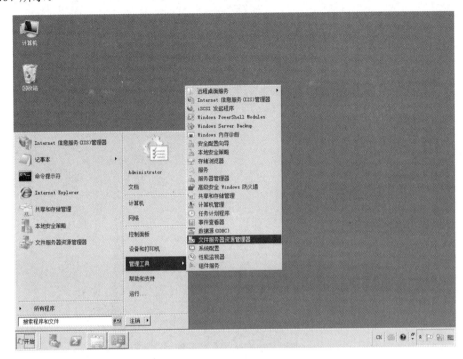

图 1-207　打开文件服务器资源管理器工具

16. 单击左侧窗格的【文件屏蔽管理】后双击【文件屏蔽】，如图 1-208 所示。

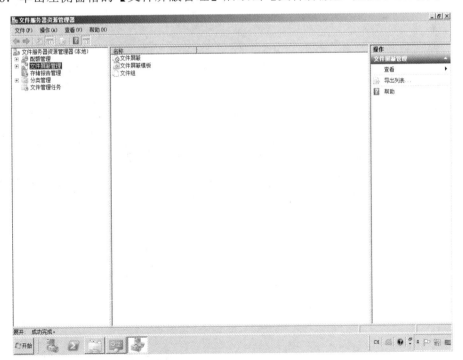

图 1-208　文件屏蔽

17. 单击右侧窗格的【创建文件屏蔽】，如图 1-209 所示。

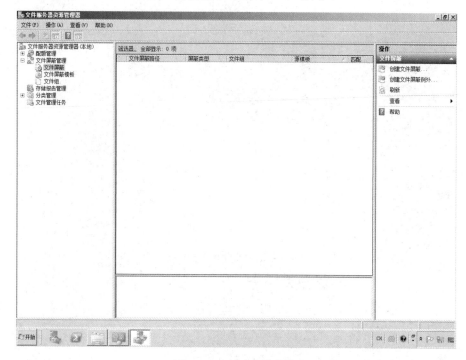

图 1-209　创建文件屏蔽

18. 在如图 1-210 所示【创建文件屏蔽】界面中单击【浏览】，选择要管理的文件夹路径后单击【确定】按钮，如图 1-211 所示。

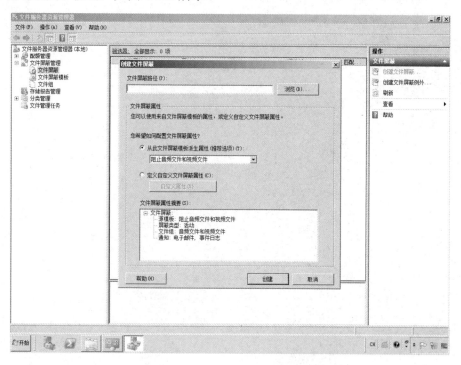

图 1-210　选择要管理的文件夹 1

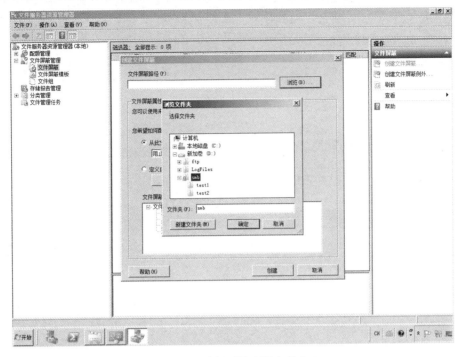

图 1-211　选择要管理的文件夹 2

19．选择【从此文件屏蔽模板派生属性（推荐选项）】后在下拉菜单中选择【阻止可执行文件】，然后单击【创建】按钮，配置完成，如图 1-212 所示。

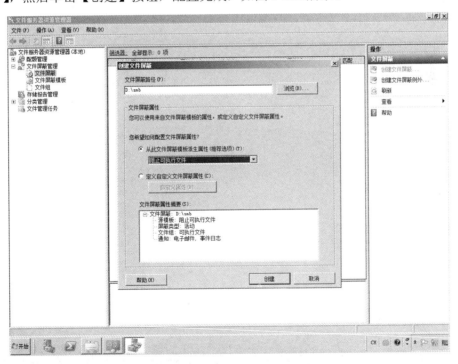

图 1-212　选择屏蔽的文件类型

20．打开另一台测试主机，在【开始】菜单选择【运行】，输入"\\服务器 IP 地址"，

如 "\\192.168.2.22"，进入共享。弹出登录的界面输入用户名和密码，下面以 test1 用户为例进行测试，如图 1-213 所示。

图 1-213　使用 test1 用户测试共享

21. 登录后双击 test1 文件夹，发现可以进入，如图 1-214 所示。

图 1-214　test1 文件夹共享登录成功

22．双击 test2 文件夹，弹出如图 1-215 所示【网络错误】提示框，表明无访问权限；将所有可执行文件（.exe 文件）复制到 test1 文件夹中，提示没有权限并弹出【目标文件夹访问被拒绝】提示框，证实配置成功，如图 1-216 所示。

图 1-215　test2 文件夹共享登录失败

图 1-216　上传可执行文件失败提示

★ **任务验收**

通过本任务的实施，学会 Windows 服务器文件服务安全。

评价内容	评价标准	完成效果
Windows 服务器文件服务安全	在规定时间内，完成 Windows 服务器文件服务安全的配置	

★ **拓展练习**

在本地服务器操作系统中的 D 盘建立 smb 文件夹，建立 student1 和 student2 两个用户，通过对用户限制、共享权限和限制文件类型等安全加固手段，对文件服务进行加固。

任务 5 Windows 文件共享服务安全与管理

★ **任务描述**

网络安全工程师小张在执行项目的过程中，发现学校的 Windows Server 2008 R2 服务器存储资料非常多，出于安全因素考虑，决定对文件系统进行安全加固，而共享资源安全管理就是其中之一。

★ **任务分析**

在文件共享服务安装配置好后，除了对文件权限的管理，同样也需要对服务器进行安全管理。由于开启了共享服务，服务器会自动产生一些默认的共享资源。这些默认打开的共享资源是众所周知的，可能会被黑客利用进行攻击。为了提高服务器的安全性能，需要关闭这些不必要的共享资源。

微课 13

✿ **经验分享**

Windows 2000/XP/2003/2008 版本的操作系统提供了默认共享功能，这些默认的共享资源名都有"$"标志，意为隐含的，包括所有的逻辑盘（C$，D$，E$……）和系统目录 Windows（admin$）。微软的初衷是便于网管进行远程管理，它虽然方便了局域网用户，但这样的设置是不安全的，带来的问题是黑客可以通过连接用户的电脑实现对这些默认共享的访问。所以我们有必要关闭这些共享服务。

★ **任务实施**

1. 在任务栏中单击【开始】菜单→【管理工具】→【共享和存储管理】进入共享和存储管理界面进行操作，如图 1-217 所示。

2. 在【共享和存储管理】界面中，单击右侧【设置共享】，进入设置共享文件向导，如图 1-218 所示。

3. 在【共享和存储管理】界面中可以查看当前本地计算机的共享情况，smb 文件夹是我们需要共享的文件夹，其他都是系统自带的共享。

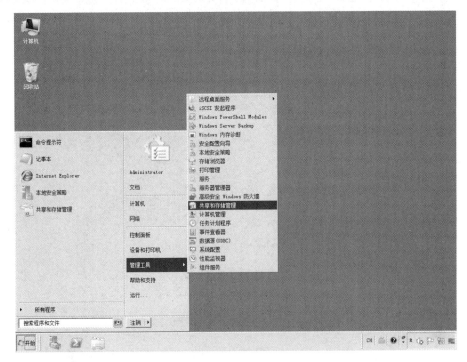

图 1-217　打开【共享和存储管理】工具

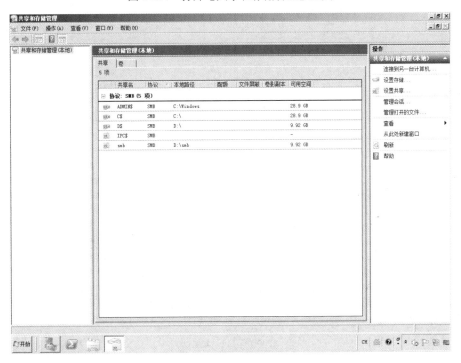

图 1-218　设置共享

✿经验分享

在命令指示符，输入"net share"也可以查看本机全部共享文件夹。

4．可以在【运行】中输入"net share C$ /del"，关闭共享文件，如图 1-219 所示。

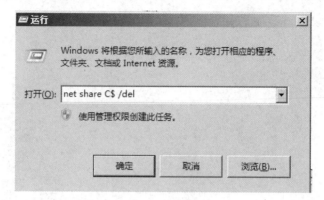

图 1-219　输入命令

5．在【共享和存储管理】中，右键刷新查看当前本地计算机的共享情况，发现"共享名"列中"C$"共享已经没有了，如图 1-220 所示。

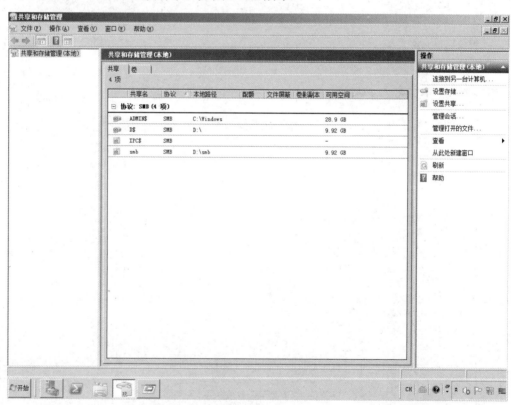

图 1-220　查看共享情况

6．通过"net share"命令可以关闭共享文件，但每次开机时都需要执行一次。也可以通过 bat 脚本加入开机启动项的方式来执行命令。首先新建【文本文档】，在文档中添加命令，如图 1-221 所示。

7．将文件【编码】设置为【ANSI】，将【保存类型】设置为【所有文件】，另存为.bat

类型文件，如图 1-222 所示。通过命令提示符进行测试，发现"C\$、D\$、IPC\$、admin\$"共享已经没有了，如图 1-223 所示。

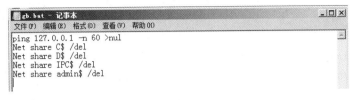

图 1-221　需执行的命令

图 1-222　另存为 gb.bat

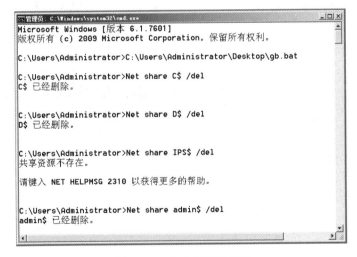

图 1-223　命令提示符界面

✿知识链接

.bat 文件是 DOS 下的批处理文件。批处理文件是无格式的文本文件，它包含一条或多条命令。它的文件扩展名为 .bat 或 .cmd。在命令提示下输入批处理文件的名称，或者双击该批处理文件，系统就会调用 cmd.exe，按照该文件中各个命令出现的顺序逐个运行。使用批处理文件（也被称为批处理程序或脚本），可以简化日常重复性任务。

✿经验分享

系统自动执行脚本时，共享服务和脚本同时执行，造成脚本无法关闭共享。因此需要让脚本延时执行命令才可以。

与 Linux 系统不同，Windows 系统批处理文件没有 Sleep 函数进行延时处理，已知使用 ping 功能精度为 1 秒。使用 ping 127.0.0.1 地址和-n 命令设置发送 60 个数据包。让需要执行的命令在这 60 个数据包之后执行，可以实现命令延时一分钟执行。

8．打开【运行】框，输入"gpedit.msc"，单击【确定】按钮打开本地组策略编辑器，如图 1-224 所示。

图 1-224　运行打开本地组策略编辑器命令

9．在弹出的【本地组策略编辑器】左侧窗格中选择【计算机配置】→【Windows 设置】，双击【脚本（启动/关机）】，单击右侧窗格的【启动】，如图 1-225 所示。

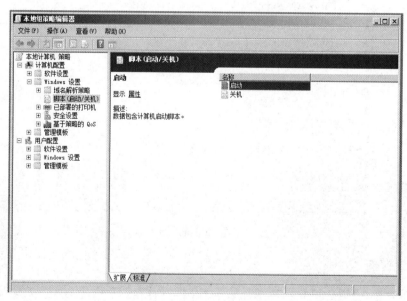

图 1-225　启动脚本

10. 在弹出的【启动 属性】界面中，添加 gb.bat 文件到启动中，单击【应用】和【确定】按钮，重启系统后将自动执行命令，如图 1-226 所示。

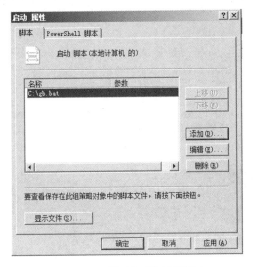

图 1-226　添加需要执行的脚本

✿ 经验分享

需要执行的批处理文件建议保存在特定目录文件夹下，不要随意储存，以便后续使用和文件归档。

★　任务验收

通过本任务的实施，学会 Windows 文件共享服务安全与管理。

评价内容	评价标准	完成效果
Windows 文件共享服务安全与管理	在规定时间内，完成 Windows 文件共享服务安全与管理	

★　拓展练习

使用批处理文件，关闭 Windows Server 2008 R2 服务器操作系统的本地默认共享文件夹，提升系统的安全性。

任务 6　Windows 操作系统本地防火墙配置

★　任务描述

网络安全工程师小张所在的学校架设了 FTP、Web 等服务。为了防止黑客使用 ping 命令进行服务器探测，现需要使用 Windows 防火墙对服务器进行进一步的加固配置。

微课 14

★　任务分析

在 Windows Server 2008 R2 服务器中，可以在开启防火墙后，通

Windows 操作系统安全配置

过高级设置关闭不必要的端口访问来提高服务器的安全性。Windows 服务器防火墙的保护可以避免很多危险发生，是保护服务器的关键，因此要针对 Windows 防火墙进行维护工作。

> ✿知识链接
>
> 防火墙的维护是测量防火墙的整体效能，而了解防火墙有效性的唯一方法是查看丢弃数据包的数量。毕竟，部署防火墙的目的是让它阻止应该被阻止的流量。

★ **任务实施**

1．单击【开始】菜单→【管理工具】→【高级安全 Windows 防火墙】工具，如图 1-227 所示。

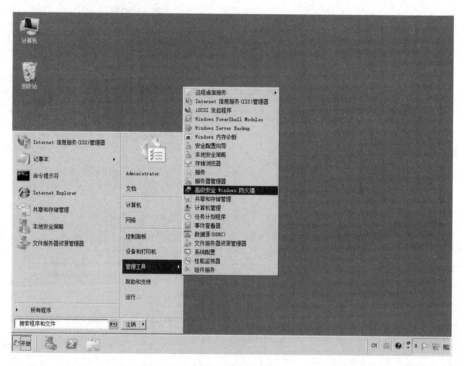

图 1-227　打开【高级安全 Windows 防火墙】工具

2．在弹出的【高级安全 Windows 防火墙】界面中，先单击左侧窗格的【入站规则】后再单击右侧窗格的【新建规则】，如图 1-228 所示。

> ✿知识链接
>
> 入站规则和出站规则分别代表外部对服务器的访问流量和服务器对外的访问流量。如果要限制网络访问服务器就编写入站规则，反之编写出站规则。

3．设置要创建的规则类型，在弹出的【新建入站规则向导】界面中选择【自定义】后单击【下一步】按钮，如图 1-229 所示。

4．选择应用规则的程序，选择【所有程序】后单击【下一步】按钮，如图 1-230 所示。

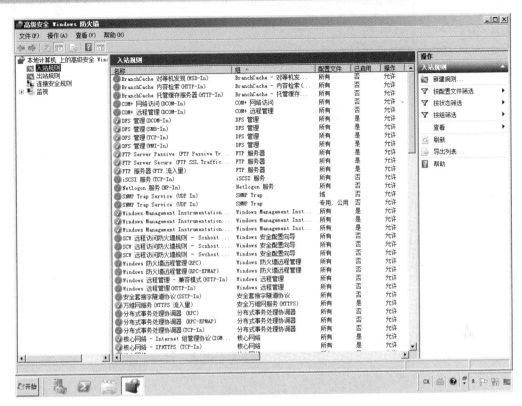

图 1-228　高级安全 Windows 防火墙配置界面

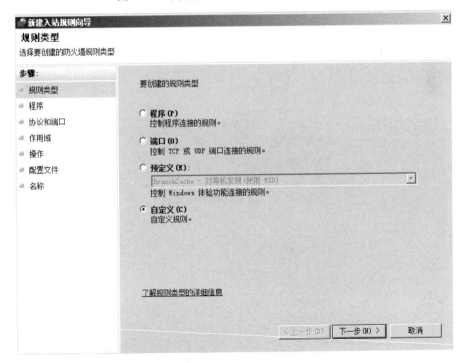

图 1-229　选择规则类型

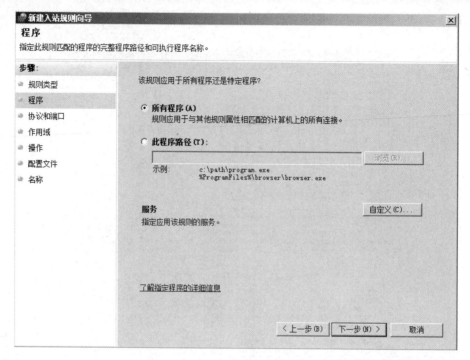

图 1-230　选择规则应用于的程序

5. 在【协议类型】下拉菜单中选择【ICMPv4】后单击【下一步】按钮，如图 1-231 所示。

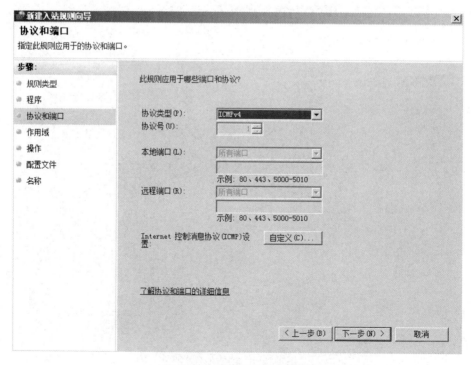

图 1-231　选择 ICMPv4 协议

ICMP（Internet Control Message Protocol）是 Internet 控制报文协议。它是 TCP/IP 协议簇的一个子协议，用于在 IP 主机、路由器之间传递控制消息。控制消息是指网络是否连接、主机是否可达、路由是否可用等网络本身的消息。这些控制消息虽然并不传输用户数据，但是对于用户数据的传递起着重要的作用。"ping" 的过程实际上就是 ICMP 协议工作的过程。

6. 设置规则应用于哪些 IP 地址，在此我们使用默认配置将规则应用于任何网络。单击【下一步】按钮，如图 1-232 所示。

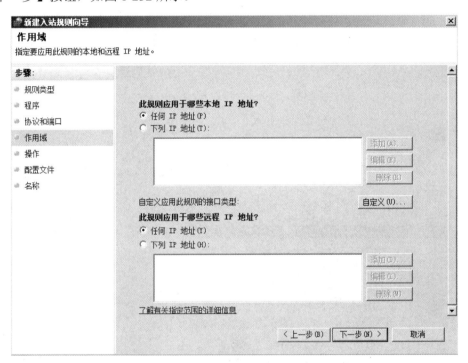

图 1-232　设置规则应用于哪些 IP 地址

7. 设置符合条件时应用的操作，选择【阻止连接】，如图 1-233 所示。

"Windows 高级防火墙" 的 "入站规则" 和 "出站规则" 里，针对每一个程序为用户提供了三种实用的网络连接方式：

（1）允许连接：程序或端口在任何的情况下都可以被连接到网络；

（2）只允许安全连接：程序或端口只有 IPsec 保护的情况下才允许连接到网络；

（3）阻止连接：阻止此程序或端口在任何状态下连接到网络。

8. 设置应用规则的网络位置，使用默认的全部位置。单击【下一步】按钮，如图 1-234 所示。

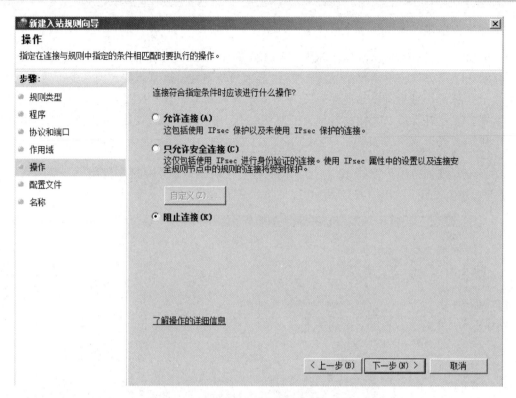

图 1-233　设置符合条件时应用的操作

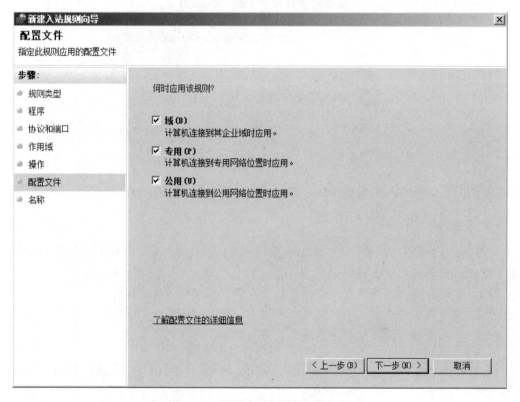

图 1-234　设置应用规则的网络位置

9．在【名称】栏中，输入规则名称后单击【完成】按钮，规则创建完成，如图 1-235 所示。

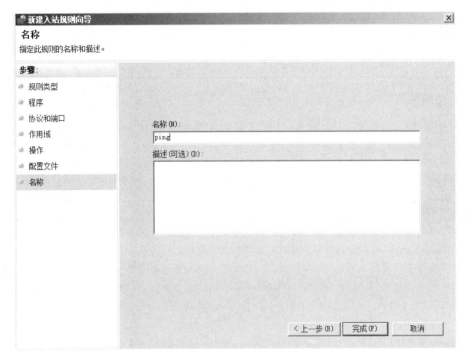

图 1-235　规则创建完成

10．在测试主机上使用"ping"命令进行测试，显示请求超时，已经无法 ping 通，如图 1-236 所示。

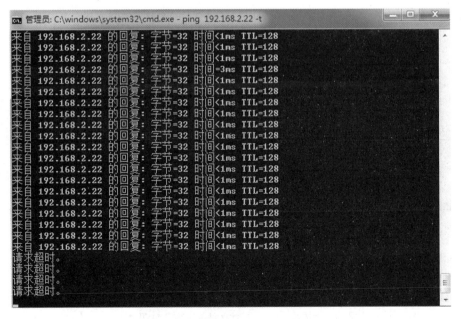

图 1-236　测试结果

★ **任务验收**

通过本任务的实施，学会 Windows 操作系统本地防火墙配置。

评价内容	评价标准	完成效果
Windows 操作系统本地防火墙配置	在规定时间内，完成 Windows 操作系统本地防火墙配置	

★ **拓展练习**

通过配置 Windows Server 2008 R2 服务器操作系统本地高级安全 Windows 防火墙，防止其他用户使用 ping 命令侦测本地服务器。

➢ **项目评价**

考核内容	评价标准
1. 远程桌面服务安全配置。	1. 能够通过调整注册表项目值，变更远程桌面服务默认端口数值，并通过关闭默认管理员用户、创建新用户的方式提升远程桌面连接的安全性。
2. DHCP 服务安全配置。	2. 能够通过添加 Windows Server Backup 功能，创建并配置 DHCP 备份计划，从而提高 DHCP 服务的安全性。
3. FTP 服务的安全配置。	3. 能够使用 IIS 管理器配置 FTP 站点的用户访问权限和规则，配置 FTP 请求筛选。
4. Windows 服务器文件服务安全。	4. 能够通过配置文件夹权限、添加文件服务角色，配置文件屏蔽管理，提升文件夹的共享服务安全。
5. Windows 文件共享服务安全。	5. 能够通过共享和存储管理功能，关闭系统默认共享并通过开机自动执行批处理文件彻底解决这个问题。
6. Windows 本地防火墙配置	6. 通过高级安全 Windows 防火墙程序，建立并配置入站规则并选择规则的应用范围，再使用相关命令进行测试

项目习题

一、选择题

1. 远程桌面服务的默认端口是（　　）。
   A. 3389　　　　　　B. 8080　　　　　　C. 67　　　　　　　　D. 23

2. 很多 FTP 服务器都提供匿名 FTP 服务，如果没有特殊说明，匿名 FTP 登录账号为（　　）。
   A. anonymous　　　　　　　　　B. everyone
   C. administrator　　　　　　　　D. 匿名

3. 下面叙述内容正确的有（　　）。
   A. Web 服务的默认端口是 80，FTP 的默认端口是 20、23
   B. Web 服务的默认端口是 80，FTP 的默认端口是 20、21
   C. Web 服务的默认端口是 8080，FTP 的默认端口是 23
   D. DNS 服务的默认端口 43，FTP 的默认端口是 22

4．在命令指示行中，输入（　　　）可以查看本机全部共享文件。

　　A．shutdown -r 　　　　　　　　B．net share

　　C．chkdsk 　　　　　　　　　　D．show config

5．"Windows 高级防火墙"的"入站规则"和"出站规则"里，针对每一个程序为用户提供三种实用的网络连接方式分别是（　　　）。（多选题）

　　A．允许连接 　　　　　　　　　B．允许匿名连接

　　C．允许安全连接 　　　　　　　D．阻止连接

二、简答题

1．简述颗粒化密码策略 FGPP 的作用。

2．简述 FTP 服务中有哪些安全配置可以提高服务的安全性。

三、操作题

Windows 操作系统本地防火墙配置

1．设置防火墙入站规则禁止所有主机 ping 服务器。

2．设置入站规则只允许 192.168.100.10 主机访问服务器 Web 服务。

单 元 总 结

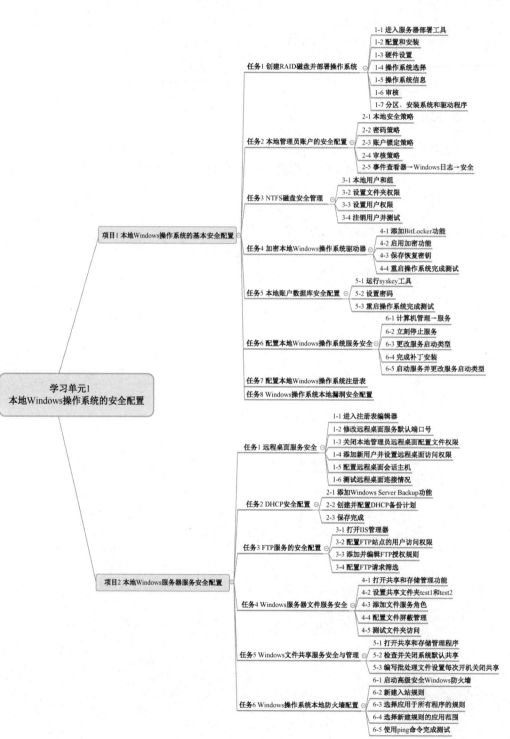

项目1 本地Windows操作系统的基本安全配置

任务1 创建RAID磁盘并部署操作系统
- 1-1 进入服务器部署工具
- 1-2 配置和安装
- 1-3 硬件设置
- 1-4 操作系统选择
- 1-5 操作系统信息
- 1-6 审核
- 1-7 分区、安装系统和驱动程序

任务2 本地管理员账户的安全配置
- 2-1 本地安全策略
- 2-2 密码策略
- 2-3 账户锁定策略
- 2-4 审核策略
- 2-5 事件查看器→Windows日志→安全

任务3 NTFS磁盘安全管理
- 3-1 本地用户和组
- 3-2 设置文件夹权限
- 3-3 设置用户权限
- 3-4 注销用户并测试

任务4 加密本地Windows操作系统驱动器
- 4-1 添加BitLocker功能
- 4-2 启用加密功能
- 4-3 保存恢复密钥
- 4-4 重启操作系统完成测试

任务5 本地账户数据库安全配置
- 5-1 运行syskey工具
- 5-2 设置密码
- 5-3 重启操作系统完成测试

任务6 配置本地Windows操作系统服务安全
- 6-1 计算机管理→服务
- 6-2 立刻停止服务
- 6-3 更改服务启动类型
- 6-4 完成补丁安装
- 6-5 启动服务并更改服务启动类型

任务7 配置本地Windows操作系统注册表

任务8 Windows操作系统本地漏洞安全配置

学习单元1
本地Windows操作系统的安全配置

项目2 本地Windows服务器服务安全配置

任务1 远程桌面服务安全
- 1-1 进入注册表编辑器
- 1-2 修改远程桌面服务默认端口号
- 1-3 关闭本地管理员远程桌面配置文件权限
- 1-4 添加新用户并设置远程桌面访问权限
- 1-5 配置远程桌面会话主机
- 1-6 测试远程桌面连接情况

任务2 DHCP安全配置
- 2-1 添加Windows Server Backup功能
- 2-2 创建并配置DHCP备份计划
- 2-3 保存完成

任务3 FTP服务的安全配置
- 3-1 打开IIS管理器
- 3-2 配置FTP站点的用户访问权限
- 3-3 添加并编辑FTP授权规则
- 3-4 配置FTP请求筛选

任务4 Windows服务器文件服务安全
- 4-1 打开共享和存储管理功能
- 4-2 设置共享文件夹test1和test2
- 4-3 添加文件服务角色
- 4-4 配置文件屏蔽管理
- 4-5 测试文件夹访问

任务5 Windows文件共享服务安全与管理
- 5-1 打开共享和存储管理程序
- 5-2 检查并关闭系统默认共享
- 5-3 编写批处理文件设置每次开机关闭共享

任务6 Windows操作系统本地防火墙配置
- 6-1 启动高级安全Windows防火墙
- 6-2 新建入站规则
- 6-3 选择应用于所有程序的规则
- 6-4 选择新建规则的应用范围
- 6-5 使用ping命令完成测试

学习单元 2

域环境 Windows 操作系统的安全配置

☆单元概要

本单元基于 Windows Server 2008 R2 域环境，由域用户的安全配置和域环境服务安全配置两个项目组成。项目 1 从域用户、用户组的权限配置开始，通过配置域用户安全策略、用户配置文件安全策略、用户软件限制策略、活动目录数据库的备份和迁移、域用户安全性日志和 Windows 可靠性和性能监视器进行任务的实施；项目 2 基于域环境中的典型服务（DNS、AD CA 证书、IIS、VPN、IPsec、ADRMS）进行任务实施。通过本单元的学习，要求学生能够掌握域环境 Windows 操作系统安全配置，有效提升域环境下操作系统的安全性。

☆ 单元情境

网络安全工程师小张接到上级领导布置的任务，要求对红星学校域环境下的 Windows Server 2008 R2 服务器进行安全加固。在上级要求中指出，需要对域环境使用的服务器进行域用户、用户组、活动目录数据库、安全性日志等用户安全进行加固；需要对 DNS、CA、IIS、VPN 等服务内容进行配置，从而总体提升域环境下的 Windows Server 2008 R2 服务器操作系统的安全性。

项目1　Active Directory 域用户的安全配置

> ## 项目描述

　　红星学校新购置的一批服务器已经完成了本地操作系统的安全加固工作。作为学校整体 Windows Server 2008 R2 服务器环境中的域控制器，需要对域用户的安全进行配置，从而有效提升域用户的安全性。

> ## 项目分析

　　网络安全工程师小张通过与团队成员共同分析认为，应该首先在域控制器配置域用户、用户组，再配置用户安全策略、配置文件安全、软件限制、数据库配置以及域用户安全日志、可靠性和性能监视器，从而完成本项目，项目流程如图 2-1 所示。

图 2-1　项目流程

任务1　域用户、用户组的权限安全配置

★　任务描述

　　校园网络管理员使用域控制器对网络中用户进行统一的管理，针对安全需求不同的用户组，设定不同的密码策略进行管理。现要求，应用服务器管理员使用密码策略为：密码长度最少 8 位，密码必须符合复杂性要求，密码强制历史 1 个，密码锁定阈值 3 次；教职员用户组密码策略为：密码长度最少 6 位，密码必须符合复杂性要求，密码锁定阈值 3 次；学生用户密码策略为：密码长度最少 6 位，密码锁定阈值 3 次。要

微课 15

求网络安全工程师小张在最短的时间内完成这些任务，为完成后续的任务做好准备。

★　任务分析

　　校园网络中用户越来越多，目前使用 Windows Server 服务器操作系统的单位，若使用域控制器则可方便地对网络中的服务、系统、用户进行统一的管理。首先对用户进行分级的管理，针对安全需求不同的用户组，设定不同的密码策略进行管理。

　　通过针对用户或全局安全组设置相应的用户密码策略，这样可以针对不同的部门实施不同的密码策略。当然，网络安全工程师在规划用户分组的过程中，最好把不同的部门用户加入到不同的全局组内。这需要网络工程师为相应的部门创建组织单位（OU），或者建立全局组，再把部门用户账号加入该全局组。所以小张要做的就是针对不同的特殊部门组创建密码策略。

✿经验分享

　　多元密码策略或颗粒化密码策略 FGPP（Fine-Grained Password Policies）可以让我们在一个域环境内实现多套密码策略。我们可以针对用户或全局安全组设置相应的用户密码策略，这样就相当于可以针对不同的部门实施不同的密码策略了，当然，最好把不同的部门用户加入到不同的全局组内。相应的部门创建 OU，或者建全局组，再把部门用户账号加入该全局组，所以我们要做的就是针对不同的特殊部门组创建密码策略。

　　应用策略优先级原则如下。

　　1.【用户级别密码策略】>【全局组级别密码策略】>【域级别密码策略】;

　　2. 同一级别，如用户，关联多个 PSO（Password-Setting-Object）时，优先（Precedence）值最小的生效;

　　而最终判断原则，上述两点中，先判断第一点，再判断第二点。

★　**任务实施**

　　1. 使用 ADSI 编辑器创建密码设置对象（PSO），针对用户或组应用密码设置对象（PSO），验证用户的密码，设置对象应用。域中用户组名称分别为：应用服务器管理员组【server admin】、教职员用户组【teacher group】、学生用户组【student group】。

　　在域控制器服务器桌面单击【开始】菜单→【管理工具】→【ADSI 编辑器】，如图 2-2所示。

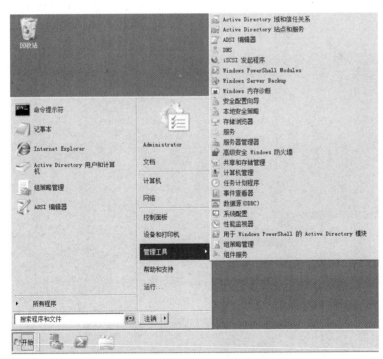

图 2-2　选择【ADSI 编辑器】

　　2. 在弹出的如图 2-3 所示的 ADSI 编辑器中，右键单击界面左侧的【ADSI 编辑器】，然后选择【连接到】选项。

3. 在弹出的【连接设置】界面中（如图 2-4 所示），使用默认配置，单击【确定】按钮。

图 2-3　ADSI 编辑器　　　　　　　　　　　　图 2-4　【连接设置】界面

4. 找到域下的密码设置容器（CN=System→CN=Password Settings Container）。然后右键选择【新建】→【对象】，如图 2-5 所示。

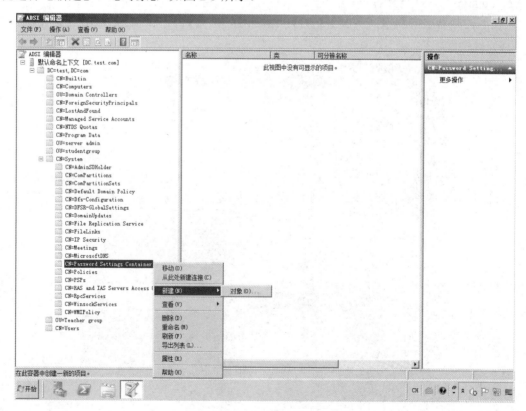

图 2-5　密码设置容器

5．在【创建对象】界面中使用默认，单击【下一步】按钮，如图 2-6 所示。

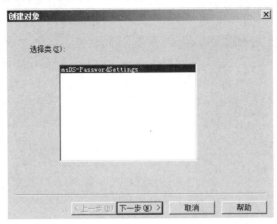

图 2-6　【创建对象】界面

6．为对象设置一个名称，必须与用户组名称相同，为"server admin"。单击【下一步】按钮，如图 2-7 所示。

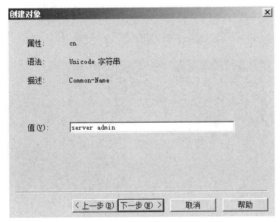

图 2-7　设置对象名称

7．设置优先级属性为 1，值越小表示优先级越高。单击【下一步】按钮，如图 2-8 所示。

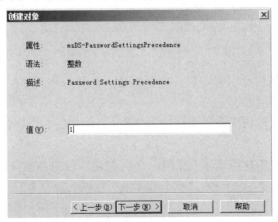

图 2-8　设置优先级属性

8. 设置"是否用可还原的加密来存储密码"属性，设置为否，输入"false"，单击【下一步】按钮，如图 2-9 所示。

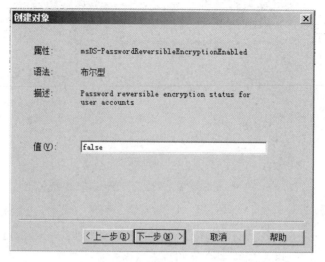

图 2-9　设置"是否用可还原的加密来存储密码"属性

9. 设置"密码历史"属性为 1 次，输入值为 1。单击【下一步】按钮，如图 2-10 所示。

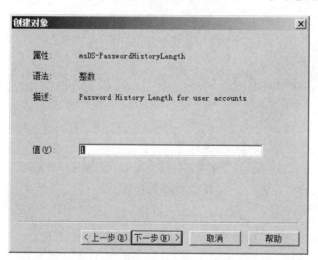

图 2-10　设置"密码历史"属性

10. 设置"选择是否启用密码复杂性"属性，设置为是，输入值为 true，单击【下一步】按钮，如图 2-11 所示。

11. 设置"最小密码长度"属性，输入值为 8，即最短 8 个字符长度。单击【下一步】按钮，如图 2-12 所示。

12. 设置"密码最短使用期限"属性，任务描述中没有需求，所以设置为 0 天，但格式必须是 d:h:m:s（天:小时:分:秒），输入值"0:0:0:0"。单击【下一步】按钮，如图 2-13 所示。

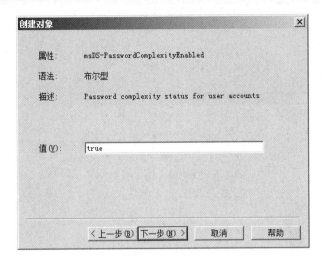

图 2-11　设置"选择是否启用密码复杂性"属性

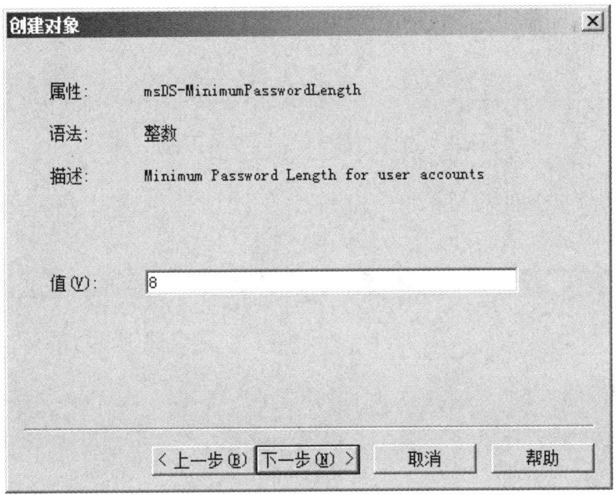

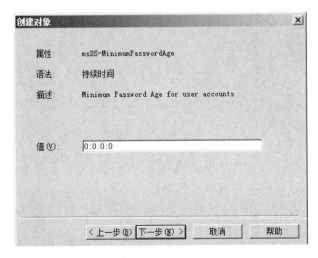

图 2-12　设置"最小密码长度"属性

图 2-13　设置"密码最短使用期限"属性

13. 设置"密码最长使用期限"属性。虽然任务需求中对设置"密码最长使用期限"属性没有要求，但是必须要进行设置，该属性为强制要求。我们设置为 90 天，输入值"90:0:0:0"。单击【下一步】按钮，如图 2-14 所示。

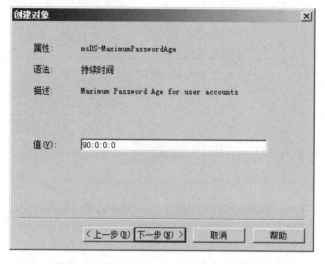

图 2-14　设置"密码最长使用期限"属性

14. 设置"密码锁定阈值"属性，设置为 3 次，输入值"3"，单击【下一步】按钮，如图 2-15 所示。

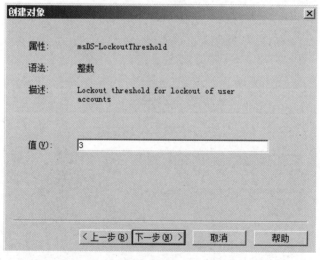

图 2-15　设置"密码锁定阈值"属性

15. 设置"复位账户记数器"的时间属性，设置为 20 分钟后计数器清 0。输入值"0:00:20:00"，单击【下一步】按钮，如图 2-16 所示。

16. 设置"密码锁定时间"属性，设置为 20 分钟，即 20 分钟后解锁。输入值"0:00:20:00"，单击【下一步】按钮，如图 2-17 所示。

17. 最后单击【完成】按钮，一个对象就建立完成了，如图 2-18 所示。可再根据其他组要求设置相应组的密码策略对象。

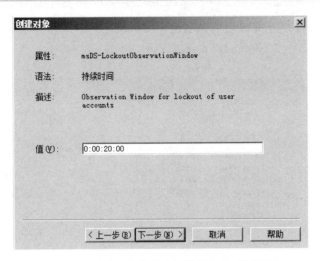

图 2-16 设置"复位账户记数器"的时间属性

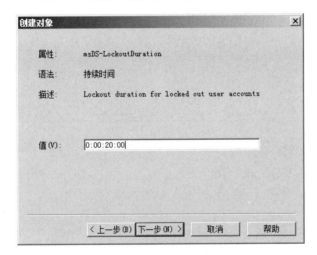

图 2-17 设置"密码锁定时间"属性

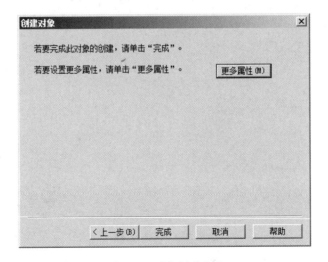

图 2-18 对象创建完成

18. 以上内容全部创建完成后，在创建好的对象上单击鼠标右键，选择【属性】，打开【对象属性】界面，如图 2-19 所示。

图 2-19　【对象属性】界面

19. 找到"msDS-PSOAppliesTo"属性并双击，单击【添加 Windows 账户】按钮添加相应的用户组或用户。单击【确定】按钮，如图 2-20 所示。

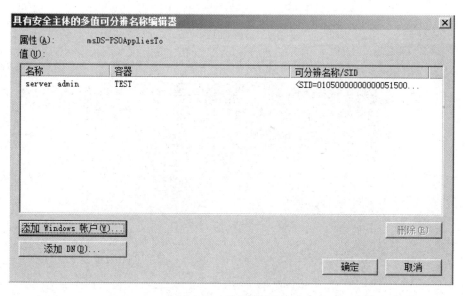

图 2-20　关联用户组

20. 在【CN=server admin 属性】界面单击【应用】按钮后单击【确定】按钮。至此，所有配置均已完成,如图 2-21 所示。可以重新设置不同组内的用户密码来验证已配置的策略。

图 2-21　配置完成

★　**任务验收**

通过本任务的实施,学会域用户、用户组的权限安全配置。

评价内容	评价标准	完成效果
域用户、用户组的权限安全配置	在规定时间内,域用户、用户组的权限安全配置	

★　**拓展练习**

使用 ADSI 编辑器,在密码设置容器中新建对象(server admins),设置最小密码长度为 6;密码使用期限从最短的 0 天到最长的 60 天;密码锁定阈值为 5;设定密码锁定时间为 20 分钟。

任务 2　域用户的安全策略配置

★　**任务描述**

网络安全工程师小张通过实施本项目发现,校园网中已经使用 Windows 域管理校园网中的系统。他发现网络中经常有用户随意更改系统 IP 地址、关闭系统防火墙,在导致个人计算机安全性能降低的同时,也降低了整个域环境网络的安全性,因此存在较大的安全风险。现在需要做的工作是对接入域网络中的每一台系统统一进行安全配置。

微课 16

★　**任务分析**

在域的环境中,我们应通过域用户组策略对用户的系统进行管理,如开启防火墙、禁止用户更改网络配置等来保护数据安全。在本任务中将设置域用户策略，禁止用户自行变更 IP 地址。

★ 任务实施

1．在域控制器服务器的桌面选择【开始】→【管理工具】→【组策略管理】选项，如图 2-22 所示。

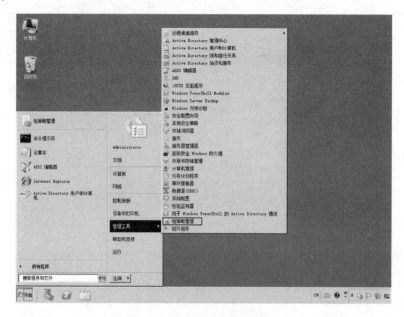

图 2-22　选择【组策略管理】

2．启动组策略管理，展开【林:test.com】和【域】节点，找到【组策略对象】节点，如图 2-23 所示。

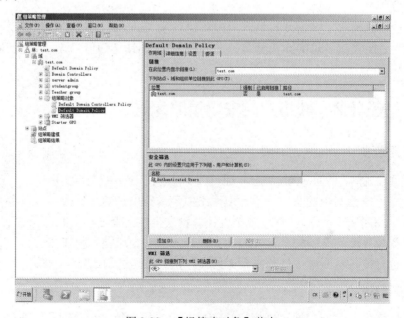

图 2-23　【组策略对象】节点

3. 右键单击【组策略对象】节点，在弹出的快捷菜单中选择【新建】选项，新建组策略对象（GPO），如图 2-24 所示。

✿ **经验分享**

在域环境中已经有了一套默认的域组策略，因此可以通过对默认域策略进行配置，以实现对全域中的计算机和用户进行管理和配置。但这不是一种很好的做法。通常，在进行配置管理时，都需要新建一套组策略来进行配置以实现管理。

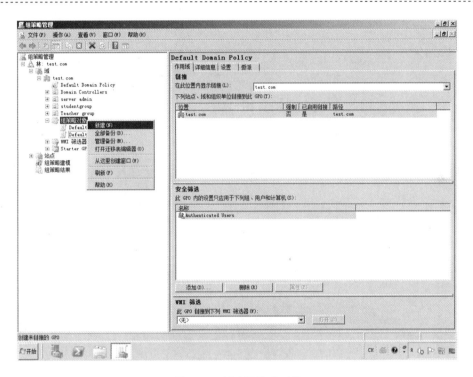

图 2-24 新建组策略对象

4. 输入策略名称（如"PC 安全策略"）后，单击【确定】按钮，如图 2-25 所示。

图 2-25 输入策略名称

5. 右键单击新建的策略，选择【编辑】选项，如图 2-26 所示。

6. 依次选择【组策略管理编辑器】界面左侧的【用户配置】→【管理模板】→【网络】→【网络连接】选项，如图 2-27 所示。

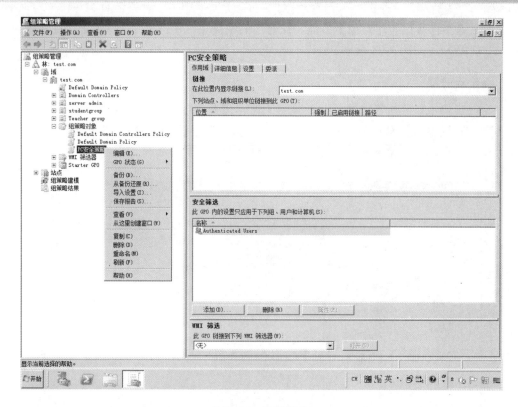

图 2-26　编辑策略

图 2-27　【组策略管理编辑器】界面

7. 在界面右侧的窗格中找到并双击【禁止访问 LAN 连接的属性】，在弹出的界面中选择【已启用】单选项，然后单击【确定】按钮。设置完成后，用户就不能修改包括 IP 地址在内的网络连接属性了，如图 2-28 所示。

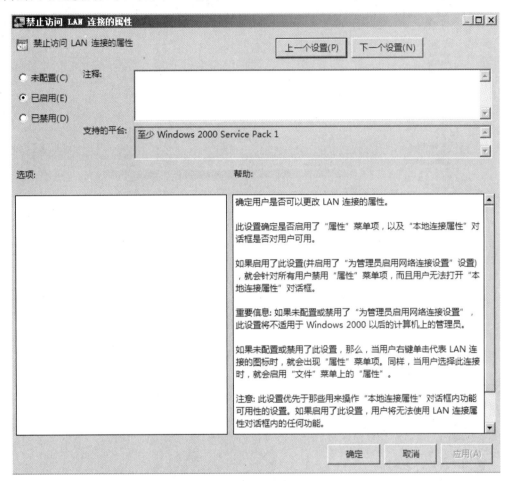

图 2-28　【禁止访问 LAN 连接属性】界面

8. 设置默认开启 Windows 防火墙服务功能，在组策略左侧窗格中依次选择【计算机配置】→【Windows 设置】→【安全设置】→【系统服务】选项，如图 2-29 所示。

❖经验分享

　　设置默认开启 Windows 防火墙服务功能，非域管理员账户不可以关闭这个服务，用此方法防止用户关闭 Windows 防火墙功能。

9. 分别选择【Internet Connection Sharing】和【Windows Firewall】服务，分别双击并打开其属性设置界面，勾选【定义此策略设置】，选择【自动】，单击【确定】按钮，完成配置，如图 2-30、图 2-31 所示。

图 2-29 【组策略管理编辑器】界面

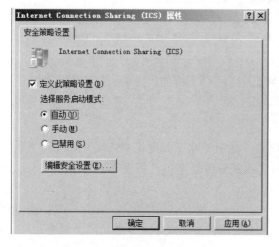

图 2-30 ICS 服务属性设置界面

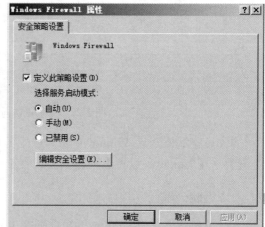

图 2-31 Windows Firewall 服务属性设置界面

10．选择需要应用策略的组织单元，选择【链接现有 GPO】选项，如图 2-32 所示。

11．选择创建好的组策略（如 PC 安全策略），单击【确定】按钮，如图 2-33 所示，完成策略的配置。但是策略不会立即更新，在【开始】菜单中打开【运行】应用，执行命令"gpupdate /force"，来立即应用更新策略。

12．使用域用户登录客户机，在【本地连接 状态】界面可以看到用户已经无法打开本地连接的属性，如图 2-34 所示。

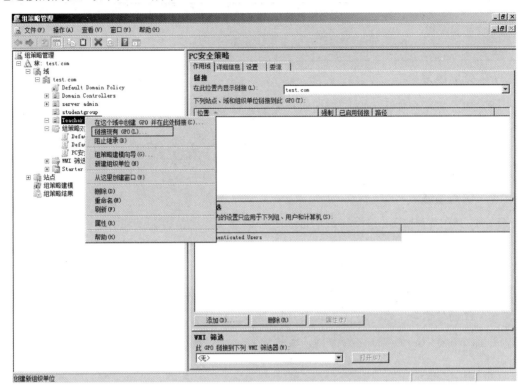

图 2-32　链接组策略

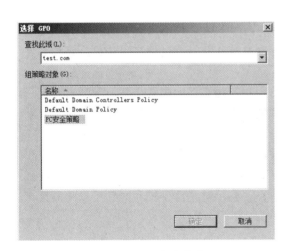

图 2-33　选择安全策略

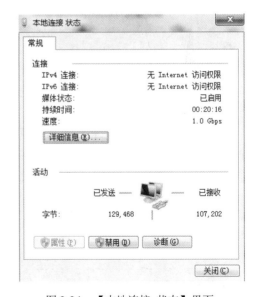

图 2-34　【本地连接 状态】界面

★　任务验收

通过本任务的实施，学会域用户的安全策略配置。

评价内容	评价标准	完成效果
域用户的安全策略配置	在规定时间内，完成域用户的安全策略配置	

★ **拓展练习**

通过添加域用户安全策略，禁止用户随意调整本地防火墙设置。

任务3 域用户配置文件安全设置

★ **任务描述**

网络安全工程师小张在执行本项目的过程中发现，在学校公共机房中，使用计算机的人员众多，流动性大。为了方便用户使用并保护个人数据安全，需要针对域用户使用服务器，统一保存管理域用户的配置文件。

微课 17

★ **任务分析**

在域服务器中，可以通过修改用户配置文件，来保证用户工作环境的安全可靠。

✿**知识链接**

四种主要的配置文件类型如下。

本地用户配置文件。该文件在用户第一次登录计算机时被创建，并被储存在计算机的本地硬盘驱动器上。任何对本地用户配置文件所作的更改都只对发生改变的计算机产生作用。

漫游用户配置文件。允许一台计算机上的用户加入一个 Windows Server 域，从而在同一网络的任何计算机上登录和访问自己的各项文档和获得一致的桌面体验（诸如工具栏位置、桌面设置等）。

强制用户配置文件。强制用户配置文件是一种特殊类型的配置文件，管理员可使用它为用户指定特殊的设置。只有系统管理员才能对强制用户配置文件做修改。当用户从系统注销时，用户对桌面做出的修改就会丢失。

临时配置文件。该文件只有在因一个错误而导致用户配置文件不能被加载时才会出现。临时配置文件允许用户登录并改正任何可能导致配置文件加载失败的配置。临时配置文件在每次会话结束后都将被删除，当前用户注销时对桌面设置和文件所做的更改都会丢失。

★ **任务实施**

1. 为了保存用户配置文件，首先要在服务器中创建一个共享文件夹来储存文件。打开 E 盘，创建【teacher】文件夹用来储存 Teacher group 组用户文件，如图 2-35 所示。打开高级共享，添加本组的文件访问权限。

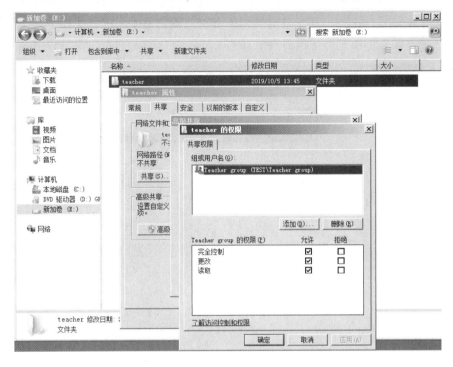

图 2-35　创建共享文件夹

2. 单击【开始】菜单→【管理工具】→【Active Directory 用户和计算机】，如图 2-36 所示。

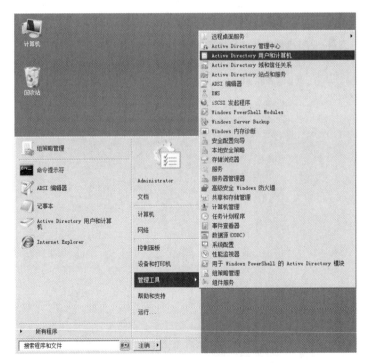

图 2-36　选择【Active Directory 用户和计算机】

3. 在【Active Directory 用户和计算机】界面左侧窗格中，选择【Teacher group】（教师组），在该界面右侧用左键单击需要配置的用户（如 teacher1），如图 2-37 所示。

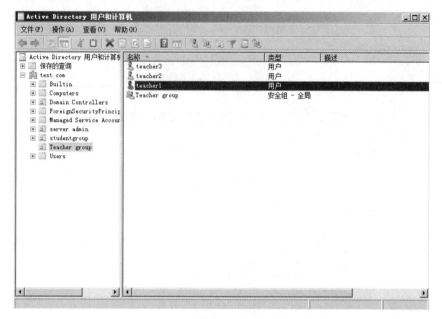

图 2-37 【Active Directory 用户和计算机】界面

4. 在用户属性界面的【配置文件】选项卡中，配置文件路径的格式为"共享文件夹位置\用户名"，输入共享文件夹的位置"\\dc\teacher\teacher1"，如图 2-38 所示。单击【确定】按钮，应用配置，使用上述方法，配置 teacher2 和 teacher3 两个用户。

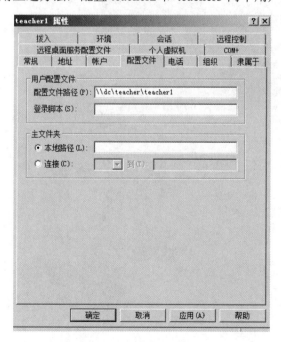

图 2-38 【配置文件】选项卡

5．在客户机使用域用户（用户名@域名）登录系统，如图 2-39 所示。

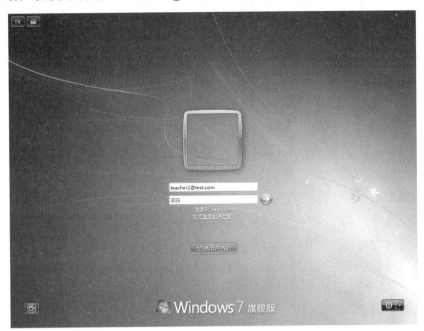

图 2-39　Windows 7 客户机登录界面

6．当用户成功登录系统后，在域控制器服务器的 E 盘上会出现用户配置数据等资料，如图 2-40 所示。

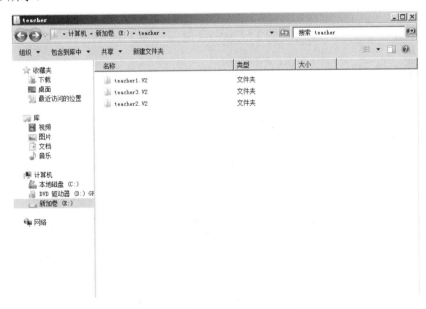

图 2-40　用户配置文件界面

★　**任务验收**

通过本任务的实施，学会域用户配置文件的安全设置。

评价内容	评价标准	完成效果
域用户配置文件安全设置	在规定时间内，完成域用户配置文件安全设置	

★ 拓展练习

在域控制器服务器的 E 盘新建 students 文件夹，将域环境中 student group 组中的用户配置文件保存在域控制器的 E 盘文件夹中。

任务 4　域用户的软件限制策略

★ 任务描述

网络安全工程师小张在实施任务的过程中发现，学校已经使用 Windows 域管理校内公共计算机，但是经常有用户在公共主机上随意安装软件，或者运行网络上下载的程序，这些都给系统带来了安全隐患。现决定使用域策略的方式防止用户随意安装和运行软件。

微课 18

★ 任务分析

在网络中经常会出现有用户使用未授权软件的情况。例如，在未经允许情况下，系统中随意安装使用软件、对用户使用软件进行安全管理。因此，限制用户安装和使用未授权软件是必不可少的。可以使用组策略管理工具中软件的限制策略。

★ 任务实施

1. 在域控制器桌面单击【开始】菜单→【管理工具】→【组策略管理】，如图 2-41 所示。

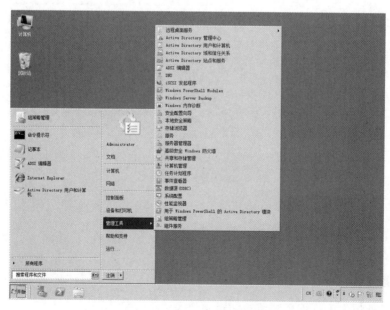

图 2-41　选择【组策略管理】

2．在【组策略管理】界面的左侧，展开【林:test.com】和【域】节点，找到【组策略对象】节点，组策略列表在组策略管理控制台，右键点选【组策略对象】，单击【组策略对象】，如图 2-42 所示。

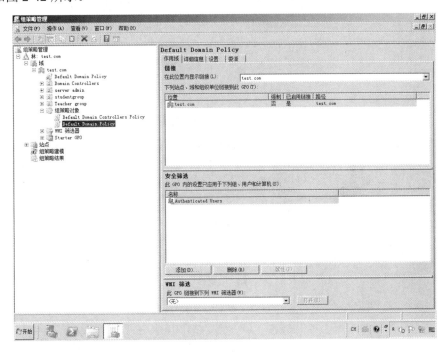

图 2-42　组策略对象

3．右击【组策略对象】，选择【新建】，如图 2-43 所示。

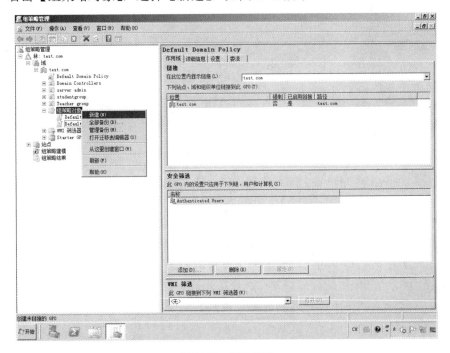

图 2-43　创建策略

4. 在弹出【新建 GPO】界面输入策略的名称后单击【确定】按钮，如图 2-44 所示。

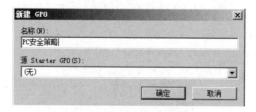

图 2-44　输入策略名称

5. 右键选中新建的【PC 安全策略】，选择【编辑】选项编辑策略，如图 2-45 所示。

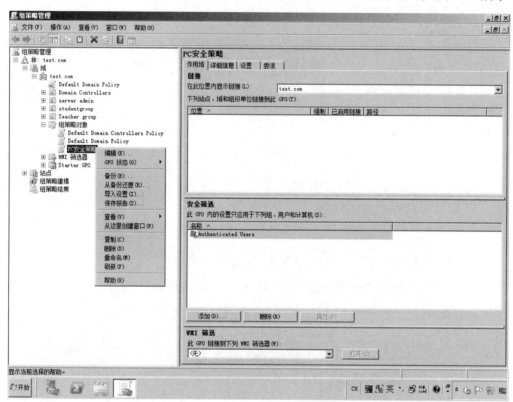

图 2-45　编辑策略

6. 在【组策略管理编辑器】的左侧窗格中，依次选择【用户配置】→【Windows 设置】→【安全设置】→【软件限制策略】，如图 2-46 所示。

7. 选择【安全级别】，在右侧窗格中双击鼠标左键选择【不允许】，如图 2-47 所示。

8. 通过设置，将"无论用户的访问权如何，软件都不会运行。"设置为默认状态，单击【设为默认】按钮。再单击【确定】应用设置，如图 2-48 所示。

9. 创建运行允许使用的程序策略。选择【其他规则】选项，在右侧窗格的空白处单击鼠标右键，在弹出的菜单中选择【新建路径规则】菜单项，如图 2-49 所示。

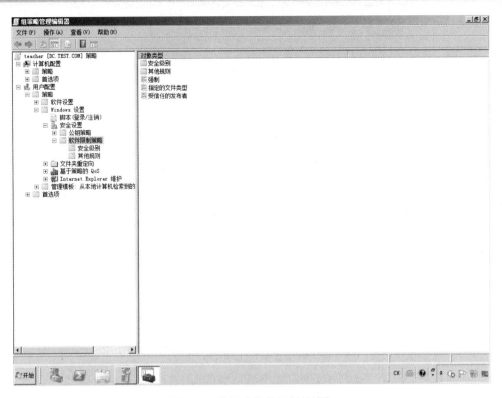

图 2-46　选择【软件限制策略】

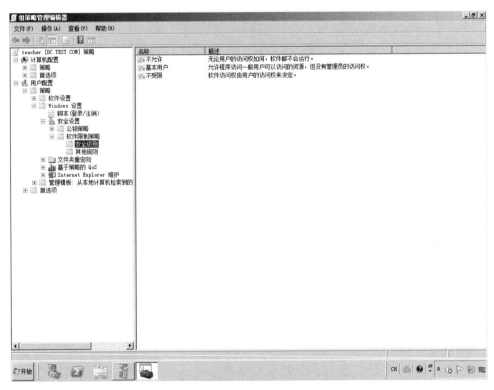

图 2-47　选择【安全级别】

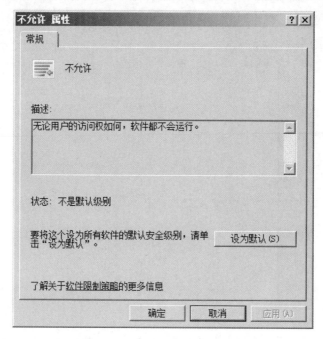

图 2-48 【不允许 属性】界面

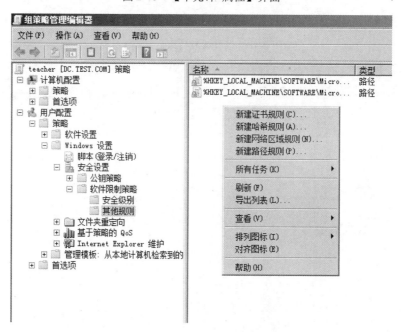

图 2-49 选择【新建路径规则】

✿知识链接

证书规则

软件限制策略可以通过其签名证书来标识文件。证书规则不能应用到带有 .exe
或 .dll 扩展名的文件,但是可以应用到脚本和 Windows 安装程序包。可以创建标识软
件的证书,然后根据安全级别的设置,决定是否允许软件运行。

　路径规则

　　路径规则通过程序的文件路径对其进行标识。由于此规则按路径指定，所以程序发生移动后路径规则将失效。路径规则中可以使用诸如 %programfiles% 或 %systemroot% 之类环境变量。路径规则也支持通配符，所支持的通配符为 * 和 ?。相对其他规则而言，此规则设置更为灵活方便。

　哈希规则

　　哈希值是通过散列算法生成的唯一标识程序或文件的一系列定长字节。需要特别注意的是，对文件进行的任何篡改都将更改其哈希值并允许其绕过限制。但是重命名或移动操作不会对哈希值产生影响。

　网络区域规则

　　网络区域规则主要用于使用 Windows Installer 技术安装的软件，因为通过该规则，我们可以对来自不同 Internet 区域的软件的安装程序采取不同的限制措施。

　　对同一个软件可以同时应用几个软件限制策略规则。这些规则将以下列优先权顺序应用（从高到低）：

　　哈希规则 > 证书规则 > 路径规则 > 网络区域规则

　　10．在弹出的【新建路径规则】界面中的【路径】文本框中输入域用户主机已安装软件的安装位置，本实验机的软件安装在 "C:\Program Files\" 目录下。【安全级别】选择为【不受限】，单击【确定】按钮保存配置。关闭【组策略管理编辑器】界面，策略配置完成，如图 2-50 所示。

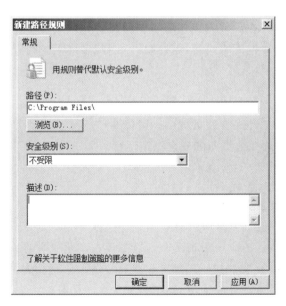

图 2-50　新建路径规则

　　11．在【开始】菜单中使用【运行】，执行命令 "gpupdate /force" 以立即应用更新策略。使用域用户登录客户机，在尝试安装一款软件的过程中，发现已经被组策略阻止，如图 2-51 所示。

图 2-51　程序无法运行

★　**任务验收**

通过本任务的实施，学会域用户的软件限制策略配置。

评价内容	评价标准	完成效果
域用户的软件限制策略	在规定时间内，完成域用户的软件限制策略配置	

★　**拓展练习**

通过域控制器服务配置用户软件限制，设置所有用户不能随意安装软件。

任务 5　活动目录数据库的备份和迁移

★　**任务描述**

网络安全工程师小张正在进行学校 Windows Server 2008 R2 服务器活动目录的安全维护工作。他发现在服务器中碎片化垃圾过多，于是他通过迁移活动目录数据库来进行碎片整理，由此实现活动目录数据库的健康维护。

微课 19

★　**任务分析**

在 Windows Server 2008 R2 服务器中，可以通过迁移活动目录数据库等操作来定期维护活动目录数据库，以确保数据库的安全稳定运行。

✿**经验分享**

维护活动目录数据库是一项很重要的管理任务，它需要定期覆盖丢失和出错的数据，修正活动目录数据库。活动目录数据库存储包含 AD 中所有数据，所以活动目录数据库维护是一项非常重要的工作。一般情况下，数据库自动化管理可以维护数据库健康。这些自动化管理包括活动目录数据库联机碎片整理和清除已删除的垃圾收集。对于需要直接管理的活动目录数据库，可以使用 ntdsutil 工具进行管理。

活动目录数据库默认储存在 C:\Windows\NTDS 文件夹下。

★　**任务实施**

1. 单击桌面【开始】菜单，在【运行】栏中输入"CMD"命令，启动【命令指示符】界面，输入"net stop ntds"，系统提示该服务与其他服务存在依赖关系，提示用户是否继续操作。此时按【Y】键后再按【Enter】键确认操作，域服务将停止，如图 2-52 所示。

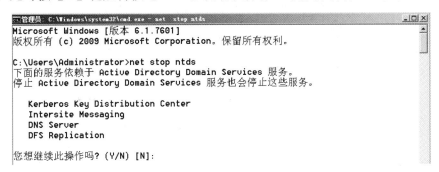

图 2-52　输入域服务停止命令

✿经验分享

　　在执行需要关闭业务服务这类维护操作时，通常选择在下班后或夜间等空闲时间执行维护操作，避免影响生产业务。

　　2．创建实例，输入【ntdsutil】进入编辑后输入【activate instance ntds】，创建实例，如图 2-53 所示。

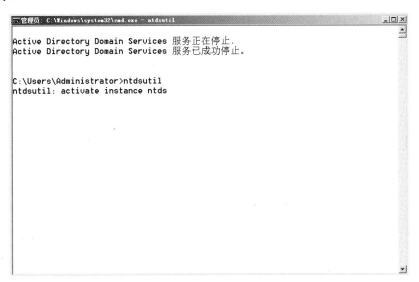

图 2-53　创建实例

　　3．设置格式为文件，输入命令【files】，整理并复制文件到 E 盘根目录下，输入命令【compact to e:\】，并等待操作完成，如图 2-54 所示。

　　4．移动数据库到 E 盘的 ntds 文件夹中，输入命令【move db to E:\ntds】，如图 2-55 所示。

　　5．移动日志文件，在提示符下输入【move logs to E:\NTDS】并回车，如图 2-56 所示。

　　6．输入【info】命令，查看文件位置，可以看到数据库及日志文件已经成功移动到目标位置，如图 2-57 所示。

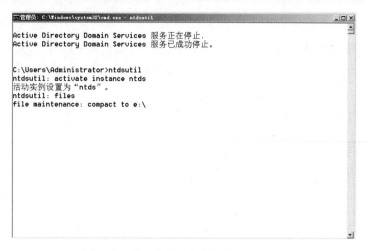

图 2-54　整理文件并复制到盘根目录下

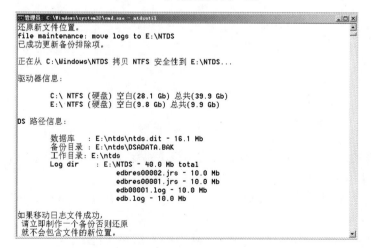

图 2-55　移动数据库到 E 盘

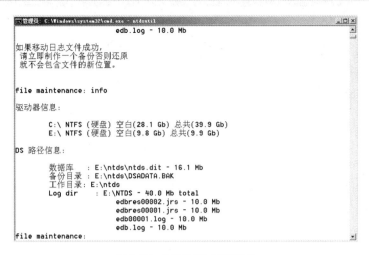

图 2-57　查看域数据库信息

7．服务器活动目录数据库的迁移工作已经完成，保证了数据库的安全性及稳定性。在对系统维护完毕后，返回到命令提示符终端，输入【net start ntds】，启动域服务器，如图 2-58 所示。

图 2-58　启动域服务

★　**任务验收**

通过本任务的实施，学会活动目录数据库的备份与迁移。

评价内容	评价标准	完成效果
活动目录数据库的备份与迁移	在规定时间内，完成活动目录数据库的备份与迁移的配置	

★　**拓展练习**

配置域控制器服务器，将活动目录日志和数据库备份到 D:\ntds 文件夹中。

<h1 style="text-align:center">任务6　域用户的安全性日志</h1>

★　任务描述

在 Windows Server 2008 R2 服务器中，每天都会发生大量的操作与事件，网络安全工程师小张需要通过事件查看器来进行事件的记录与分析工作，其中有关服务器资源的安全事件都会被记录在安全日志中，需要对其进行查看分析。上级部门要求这个任务尽快完成，只有对安全日志进行查看和分析，才能更好地完成本项目。

微课 20

★　任务分析

在 Windows Server 2008 R2 服务器中，可以通过事件查看器查看远程登录等操作的安全审核日志，从而进行安全性日志审核分析，提高管理员对服务器的监管职能。事件查看器根据来源将日志记录事件分为应用程序日志（Application）、安全日志（Security）和系统日志（System）。

系统日志中存放了 Windows 操作系统产生的信息、警告或错误。通过查看这些信息、警告或错误，我们不但可以了解某项功能配置或运行成功的信息，还可了解系统的某些功能运行失败或不稳定的原因。

安全日志中存放了审核事件是否成功的信息。通过查看这些信息，可以了解这些安全审核结果是成功还是失败，还可以记录有效和无效的登录尝试等安全事件及与资源使用有关的事件。例如，创建、打开或删除文件，或者启动时某个驱动程序加载失败。同时，管理员还可以指定在安全日志中记录的事件。例如，启用了登录审核，那么系统登录尝试就记录在安全日志中。

应用程序日志中存放应用程序产生的信息、警告或错误。通过查看这些信息、警告或错误，可以了解哪些应用程序运行成功，产生了哪些错误或存在哪些潜在错误。

事件查看器按照类型将记录的事件划分为错误、警告和信息三种基本类型。

错误：重要的问题，如数据丢失或功能丧失。例如，在启动期间系统服务加载失败、磁盘检测错误等，这时系统就会自动记录错误。这种情况下必须检查系统安全性并及时处理问题。

警告：不是非常重要但将来可能出现问题的事件，如磁盘剩余空间较小，或者未找到安装打印机等都会记录一个警告。这种情况下应该检查问题所在并提前解决。

信息：用于描述应用程序、驱动程序或服务成功操作的事件，如加载网络驱动程序、成功地建立了一个网络连接等。

★　任务实施

1. 在域控制器桌面单击【开始】菜单，选择【管理工具】，选择【事件查看器】，如图 2-59 所示。

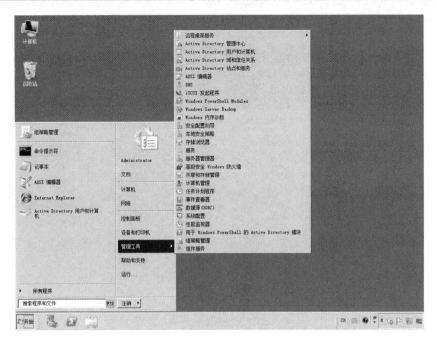

图 2-59　选择【事件查看器】

2．在打开的【事件查看器】界面左侧窗格中展开【Windows 日志】，可以在该界面的左侧窗格看到系统中每一个日志所储存的事件数量，如图 2-60 所示。

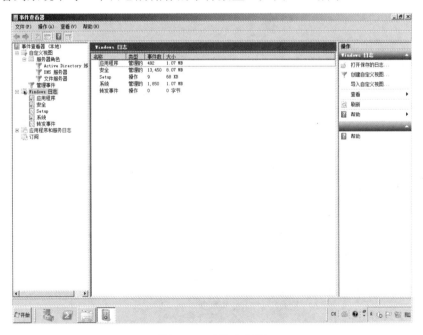

图 2-60　事件查看器

3．选择【应用程序】，在中间【应用程序】窗格中单击任意一条【信息】后，可以在该窗格下方看到该条信息的具体内容，包括事件的具体内容、时间、来源、事件 ID 等信息，如图 2-61 所示。

图 2-61　【应用程序】事件

4．选择【安全】，在中间【安全】窗格中可以看到用户登录的审核策略。选择其中一条【审核成功】信息后，可以在该窗格中显示详细内容，判断操作是否合法。看到该事件的具体信息，如图 2-62 所示。

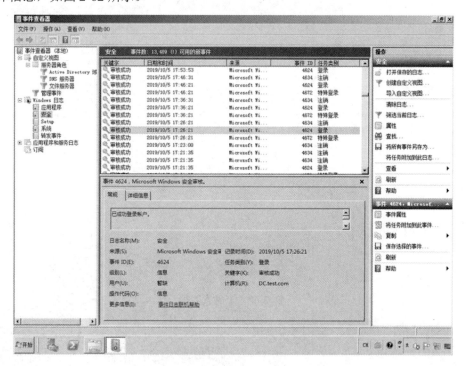

图 2-62　用户审核信息

★ **任务验收**

通过本任务的实施，学会域用户安全性日志的查看。

评价内容	评价标准	完成效果
域用户的安全性日志	在规定时间内，完成域用户安全性日志的查看	

★ **拓展练习**

查看域控制器 Windows 日志中的安全日志，查看至少三条安全日志的常规资料。

任务 7 Windows 可靠性和性能监视器

★ **任务描述**

Windows Server 2008 R2 服务器，每天都会发生大量的操作与事件，在处理众多任务的同时也要保证服务器的长时间稳定运行。网络安全工程师小张接到上级部门的任务，要求他针对域控制器的磁盘可靠性和性能进行分析，以确保服务器在可控的情况下稳定运行。

微课 21

★ **任务分析**

Windows 可靠性和性能监视器是一个 Microsoft 管理控制台 (MMC) 管理单元，用于提供分析系统性能的工具。一个单独的控制台即可实时监视应用程序和硬件性能、自定义要在日志中收集的数据、定义警报和自动操作的阈值、生成报告及以各种方式查看过去的性能数据。

Windows 可靠性和性能监视器组合了以前独立工具的功能，包括性能日志和警报 (PLA)、服务器性能审查程序 (SPA) 和系统监视器。它提供了自定义数据收集器，并提供了事件跟踪会话的图表界面。

Windows 可靠性和性能监视器包括以下三个监视工具：资源视图、性能监视器和可靠性监视器。它使用数据收集器集执行数据收集和日志记录。

★ **任务实施**

在本次任务中，以添加服务器对系统盘（C 盘）读写速率的监视为例，讲解 Windows 可靠性和性能监视器的设置。

1. 在域控制器桌面单击【开始】菜单→【管理工具】→【性能监视器】，如图 2-63 所示。

2. 在弹出的【性能监视器】界面的左侧窗格中选择【数据收集器集】→【用户定义】，在弹出的菜单中选择【新建】→【数据收集器集】，如图 2-64 所示。

3. 在弹出的【创建新的数据收集器集。】界面中选择【手动创建（高级）】单选项，自定义需要收集的信息，然后单击【下一步】按钮，如图 2-65 所示。

4. 单击【添加】按钮，添加性能计数器，如图 2-66 所示。

5. 在"可用计数器"中单击选择【PhysicalDisk】，在界面左下方的【选定对象的实例】中，选择要监听的磁盘分区为 C 盘，然后单击【添加】按钮，如图 2-67 所示。

6．单击【浏览】按钮设置文件保存的位置，单击【下一步】按钮，如图 2-68 所示。

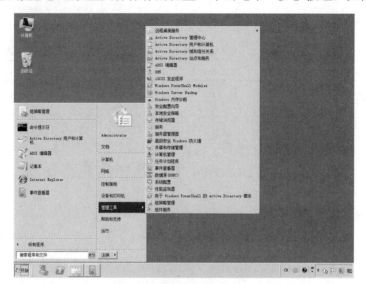

图 2-63　选择【性能监视器】

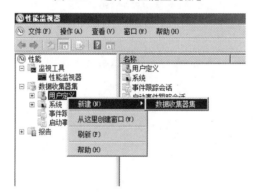

图 2-64　选择【数据收集器集】

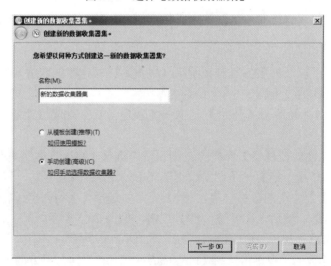

图 2-65　【创建新的数据收集器集。】界面

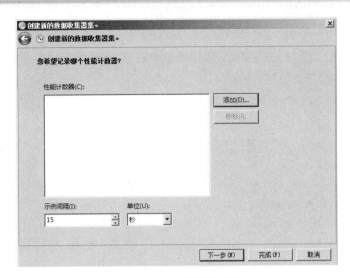

图 2-66　添加性能计数器

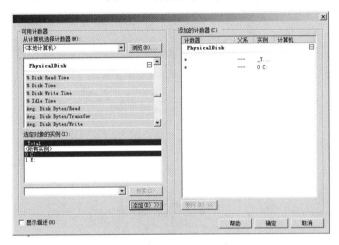

图 2-67　添加监视内容

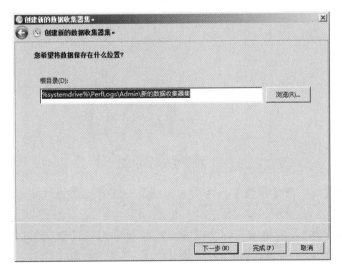

图 2-68　设置文件储存位置

7．单击【完成】按钮，保存配置。至此，数据收集器集配置完成，如图 2-69 所示。

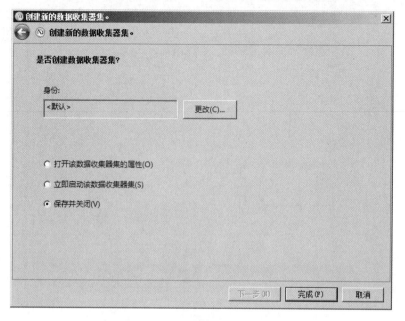

图 2-69　数据收集器集配置完成

8．选择【新的数据收集器集】，在弹出的菜单中选择【开始】以收集数据，如图 2-70 所示。

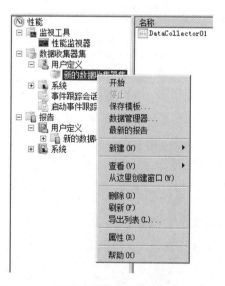

图 2-70　开始收集数据

9．等待数据收集，在【报告】→【用户定义】→【新的数据收集器集】中可以查看收集到的数据，如图 2-71 所示。

10．在右侧数据图表中单击右键，在弹出的菜单中选择【数据另存为】可以将数据储存为.csv 文件以方便后续查看，如图 2-72 所示。

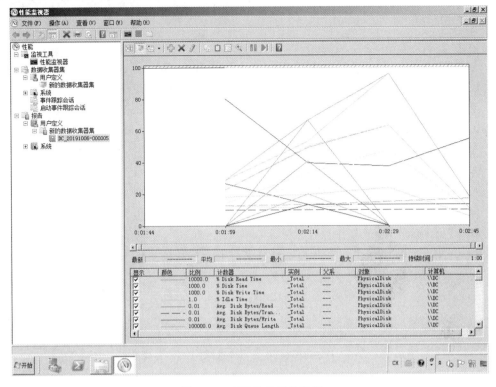

图 2-71　查看收集到的数据

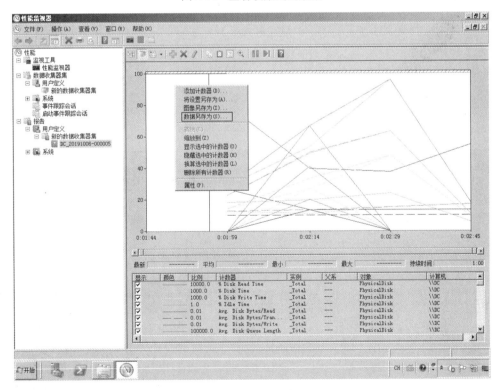

图 2-72　保存数据

> ✿知识链接

以下是各个指标的含义。

平均 IO 大小：Avg.Disk Bytes/Read、Avg.Disk Bytes/Write。

IO 响应时间：Avg.Disk sec/Read、Avg.Disk sec/Write。

IOPS（每秒进行读写操作的次数）：DiskReads/sec、DiskWrites/sec、DiskTransfers/sec。

IO 吞吐率：DiskBytes/sec、DiskRead Bytes/sec、DiskWrite Bytes/sec。

Avg. DiskQueue Length 12：队列长度。

Avg. Disk sec/Read .035：读数据所用时间（ms）。

Avg. Disk sec/Write .045：写数据所用时间（ms）。

DiskReads/sec 320：每秒读数据量。

DiskWrites/sec 100：每秒写数据量。

Avg. DiskQueue Length，12/4=3，每块磁盘的平均队列建议不超过 2。

Avg. Disk sec/Read 一般不要超过 11～15ms。

Avg. Disk sec/Write 一般建议小于 12ms。

★ **任务验收**

通过本任务的实施，学会 Windows 可靠性和性能监视器设置。

评价内容	评价标准	完成效果
Windows 可靠性和性能监视器	在规定时间内，完成 Windows 可靠性和性能监视器的设置	

★ **拓展练习**

在域控制器中，使用 Windows 可靠性和性能监视器，分析磁盘 D 的运行状态，用图表和文字进行分析。

➢ **项目评价**

考核内容	评价标准
1. 配置域用户和用户组的权限。	1. 能使用 ADSI 编辑器创建并配置密码设置对象（最小密码长度、密码使用期限、密码锁定阈值、密码锁定时间）。
2. 配置域用户的安全策略。	2. 使用组策略管理工具新建并配置组策略对象（GPO），禁止用户访问 LAN 连接组件。
3. 设置域用户的配置文件安全性。	3. 使用 Active Directory 用户和计算机工具，管理工作组中的用户，将用户配置文件存储到域控制器中，以提升安全性。
4. 设置域用户的软件限制策略。	4. 使用组策略管理器新建并配置组策略对象（GPO），禁止用户执行安装程序自行安装软件。
5. 备份和迁移活动目录数据库。	5. 通过命令提示符中的 ntdsutil 命令，将活动目录数据库文件和日志文件备份并迁移到指定位置。
6. 查看并分析域用户的安全性日志。	6. 通过事件查看器中的 Windows 日志栏目，查看并分析应用程序、安全等重要服务器日志信息。
7. 检查磁盘可靠性和配置性能监视器	7. 使用 Windows 可靠性和性能监视器，查看服务器的磁盘使用情况和性能

项目习题

一、选择题

1. 当策略配置完成后，策略不会立即更新，这时需要在命令指示符中输入（　　）命令，来立即应用更新策略。

A．net share　　　　B．gpedit．msc　　　C．gpupdate /force　　D．gpupdate

2. 下列软件限制策略规则优先权排序中，正确的是（　　　）。

A．证书规则 > 哈希规则 > 路径规则 > 网络区域规则

B．哈希规则 > 证书规则 > 路径规则 > 网络区域规则

C．网络区域规则 > 证书规则 > 哈希规则 > 路径规则

D．证书规则 > 路径规则 > 网络区域规则 > 哈希规则

3. 当我们需要对域服务进行关闭操作时，可以在命令指示符内输入（　　　）。

A．net stop ntds　　B．net start ntds　　　C．net restart ntds　　D．net close ntds

4. 在域下，可以使用（　　　）工具来管理工作组中的用户。

A．Active Diretory 用户和计算机　　　　B．Active Diretory 域和信任关系

C．Active Diretory 站点和服务　　　　　D．计算机管理

5. 在设置域账户属性时，下列哪一项不能被设置（　　　）。

A．账户的个人信息　　　　　　　　B．账户的登录时间

C．账户的权限　　　　　　　　　　D．账户邮箱

二、简答题

1. 简述设置域用户，禁止用户自行变更 IP 地址的操作步骤。

2. 简述软件限制策略中证书规则、路径规则、哈希规则、网络区域规则的区别和有限顺序。

三、操作题

域用户的软件限制策略

1. 创建用户组 usergroup1。并创建 user1～6 用户。

2. 为 usergroup1 组用户设置策略，只运行允许系统下 C:\Program Files 文件中的程序。

项目 2　Active Directory 域环境服务器服务安全配置

➤　项目描述

红星学校的 Windows Server 2008 R2 服务器已经完成了域环境的用户安全配置。基于学校目前服务器承载的服务角色，需要对域环境的服务器服务安全进行配置和测试，从而提升域环境整体服务的安全性。

➤　项目分析

网络安全工程师小张通过与团队成员共同分析认为，根据服务的重要性和难度层级，

应当在本项目的实施过程中，首先配置 DNS 服务，然后再依次配置 AD CA 证书、IIS 服务、VPN、IPsec 和 ADRMS 服务，项目流程如图 2-73 所示。

图 2-73　项目流程

任务 1　DNS 服务的安全配置

★　任务描述

网络安全管理员小张负责学校 Windows Server 2008 R2 服务器的系统加固工作。学校现在已经架设了 DNS 服务器，该服务器承担着域环境中域名与 IP 地址之间互相解析的重要工作，现在需要在 DNS 服务已经完成基础搭建的基础上，对该服务进行安全加固。

微课 22

★　任务分析

DNS 服务器可为互联网提供域名解析服务，对任何网络应用都十分重要。同时，服务器中也包括了非常重要的网络配置信息，如用户主机名和 IP 地址等。正因为如此，各级网络安全部门需要对 DNS 服务采取特别的安全保护措施，包括设置日志记录、自动清理老化 DNS 记录、禁止区域传送功能等，可以有效增强系统，防止大多数的恶意篡改。与此同时，各级网络安全部门应做好对 DNS 服务数据的定期备份工作，从而提升该服务的整体安全性。

★　任务实施

开启 DNS 日志功能

1. 在域控制器桌面单击【开始】菜单，选择【管理工具】→【DNS】，如图 2-74 所示。

图 2-74　选择【DNS】

2．在弹出的【DNS 管理器】界面中选择【DC】节点，单击右键在弹出的菜单中选择
【属性】，如图 2-75 所示。

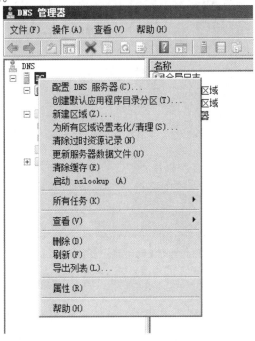

图 2-75　【DNS 管理器】界面

3．在【调试日志】选项卡中勾选【调试日志数据包】和需要记录的日志内容后，单击
【应用】按钮以保存配置，如图 2-76 所示。

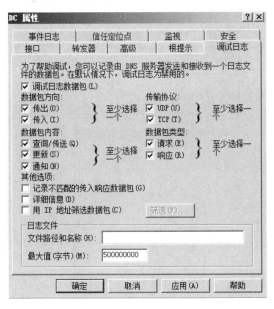

图 2-76　【调试日志】选项卡

4．在【高级】选项卡中勾选【启用过时记录自动清理】，并设置【清理周期】为【7】

【天】。单击【确定】按钮以保存配置，如图 2-77 所示。

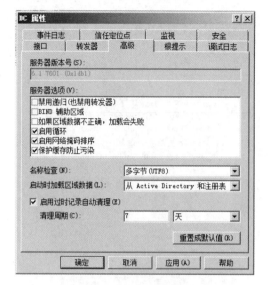

图 2-77　勾选【启用过时记录自动清理】

> **知识链接**
> 配置老化和清理选项。老化和清理是 DNS 服务用于删除过时或陈旧资源记录的过程。老化是判断是否应将陈旧的 DNS 资源记录从 DNS 数据库中删除的过程。清理是从 DNS 数据库清理和删除过时或失效的名称数据的过程。

5．为所有区域设置清除老化时间，选择【DC】节点，单击右键在弹出的菜单中选择【为所有区域设置老化/清理】，如图 2-78 所示。

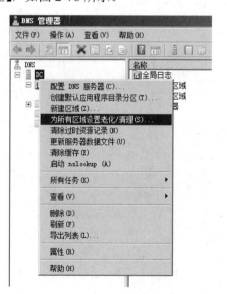

图 2-78　选择【为所有区域设置老化/清理】

6．在弹出的【服务器老化/清理属性】界面中勾选【清除过时资源记录】，单击【确定】

按钮以保存配置，如图 2-79 所示。

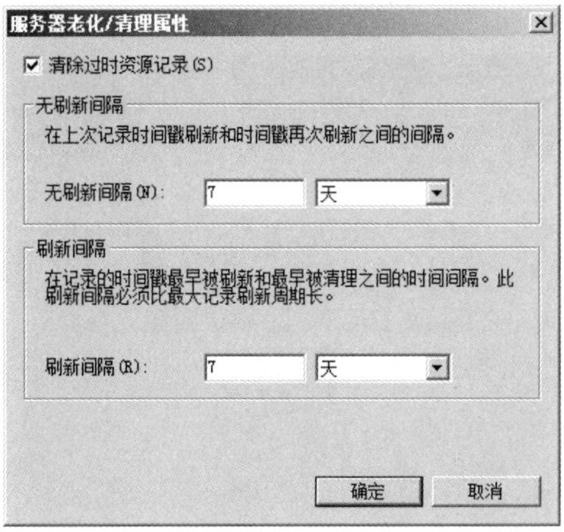

图 2-79　【服务器老化/清理属性】界面

✿经验分享

老化清理的两个可配置参数。

无刷新间隔：DNS 服务器不接收刷新尝试的时间周期。在此期间，资源记录不能刷新它们的时间戳。

刷新间隔：DNS 服务器接收刷新尝试的时间周期。在刷新间隔期间，资源记录可以刷新它们的时间戳。

注意：若要在区域上配置老化和清理，则必须在 DNS 服务器上启用老化和清理。

7. 关闭区域传送功能。选择需要设置的区域（如 test.com），单击右键在弹出的菜单上选择【属性】，如图 2-80 所示。

图 2-80　【DNS 管理器】界面

8. 在弹出的【test.com 属性】界面中选择【区域传送】选项卡，取消勾选【允许区域传送】，单击【确定】按钮，如图 2-81 所示。

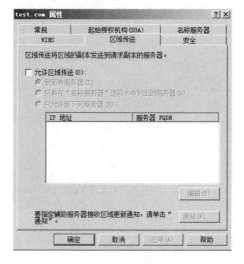

图 2-81 【区域传送】选项卡

✿经验分享

区域传送发生在"主 DNS 服务器"和"从 DNS 服务器"之间。主 DNS 服务器授权特定域名，并且带有可改写的 DNS 区域文件，在需要时可以对该文件进行更新。"从 DNS 服务器"由"主 DNS 服务器"接收这些区域文件的只读复制。"从 DNS 服务器"被用于提高来自内部或互联网 DNS 查询响应性能。

然而，区域传输并不仅仅针对"从 DNS 服务器"。任何一个能够发出 DNS 查询请求的人都可能引起 DNS 服务器配置改变，并允许区域传输到自己的区域数据库文件。恶意用户可以使用这些信息来侦察他人组织内部的命名计划，并攻击关键服务架构。可以通过配置 DNS 服务来禁止区域传输请求，或者仅允许针对组织内特定服务器进行区域传输，以此来进行安全防范。

9. 使用 Windows Server Backup 工具，定期对 DNS 文件进行配置和对数据库文件进行备份，备份后保存在"本地磁盘(C:)\Windows\system32\dns"。备份方法请参照学习单元一项目二任务 2。

★ **任务验收**

通过本任务的实施，学会 DNS 服务的安全配置。

评价内容	评价标准	完成效果
DNS 服务的安全配置	在规定时间内，完成 DNS 服务的安全配置	

★ **拓展练习**

配置 Windows Server 2008 R2 域环境中的 DNS 服务，设置日志记录、自动清理老化 DNS 记录、禁止区域传送功能。

任务 2　AD CA 证书的部署

★　任务描述

网络安全工程师小张需要根据域环境服务器服务安全加固项目的整体部署，对域环境配置证书（CA），从而使访问者更安全地访问学校各项网络服务，以有效提升域环境的整体安全性。

微课 23

★　任务分析

数字证书是一个经证书授权中心数字签名的、包含公开密钥拥有者信息及公开密钥的文件，是互联网通信中标志（证明）通信各方身份信息的一系列数据，提供了一种在网络中验证身份的方式，其作用类似司机的驾驶执照或日常生活中的身份证。

> ✿经验分享
>
> 数字证书是由一个权威机构——CA 机构，又称为证书授权（Certificate Authority）中心发行的，用户可以用它在网上识别对方的身份。Windows Server 2008 支持两种证书服务器，分别是应用于企业内部的企业证书服务器和用于企业或 Internet 的独立根证书服务器。其中，企业证书服务器应用于域环境，需要 AD 的支持，用户可以直接向证书服务器申请并安装证书；而独立根证书服务器应用于非域环境。

★　任务实施

1. 单击【开始】→【服务器管理器】，打开【服务器管理器】界面，如图 2-82 所示。

图 2-82　【服务器管理器】界面

2．在界面左侧窗格选择【角色】，单击【添加角色】，之后单击【下一步】按钮，如图 2-83 所示。

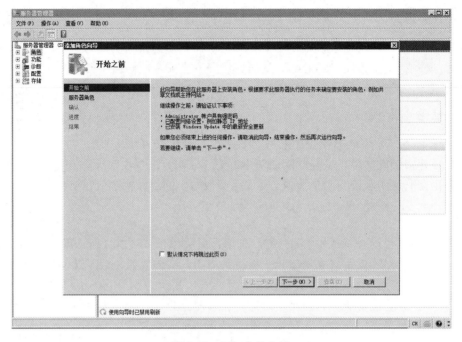

图 2-83　添加角色向导

3．勾选【Active Directory 证书服务】选项，单击【下一步】按钮，如图 2-84 所示。

图 2-84　选择证书服务

4．进入如图 2-85 所示的证书服务简介界面，单击【下一步】按钮。

5．在弹出的如图 2-86 所示【添加角色向导】界面中选择【Web 服务器（IIS）】，单击【添加必需的角色服务】按钮，在如图 2-87 所示界面中勾选【证书颁发机构】、【证书颁发机构 Web 注册】，然后单击【下一步】按钮。

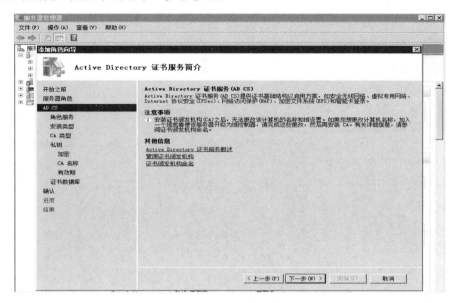

图 2-85　证书服务简介界面

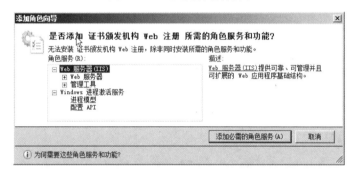

图 2-86　确认添加角色向导

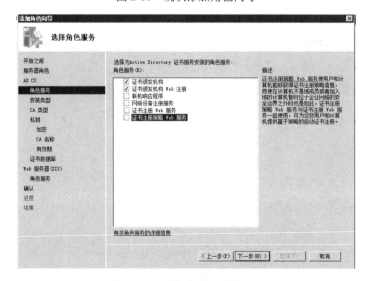

图 2-87　【选择角色服务】界面

6. 在如图 2-88 所示界面中选择【企业】单选项，单击【下一步】按钮。

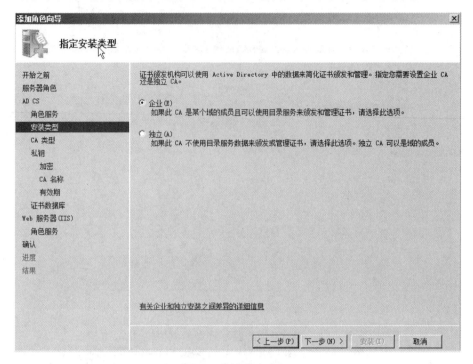

图 2-88 选择企业根

7. 首次创建时，选择【根 CA】单选项，单击【下一步】按钮，如图 2-89 所示。

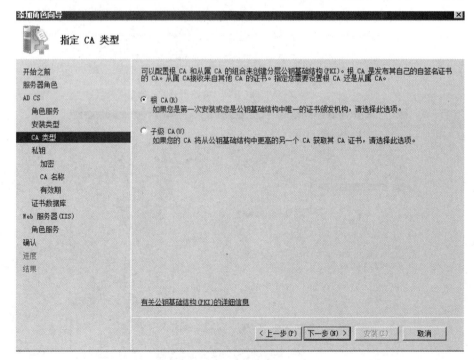

图 2-89 选择【根 CA】

8. 首次创建时选择【新建私钥】单选项，单击【下一步】按钮，如图 2-90 所示。

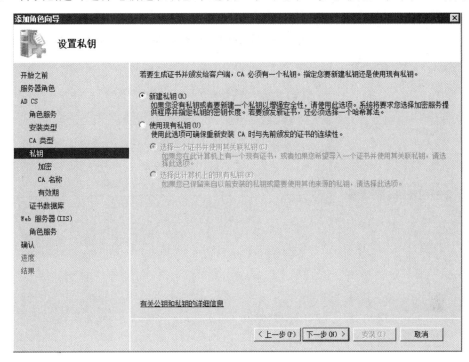

图 2-90 选择【新建密钥】

9. 在【选择加密服务提供程序（CSP）】【密钥字符长度】【选择此 CA 颁发的签名证书的哈希算法】处使用默认值，继续单击【下一步】按钮，如图 2-91 所示。

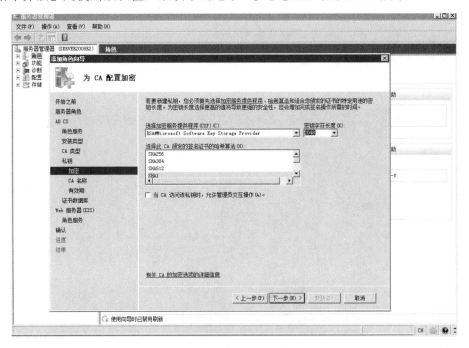

图 2-91 配置 CA 加密

10. 在【此 CA 的公用名称】和【可分辨名称的预览】处，使用默认值，继续单击【下一步】按钮，如图 2-92 所示。

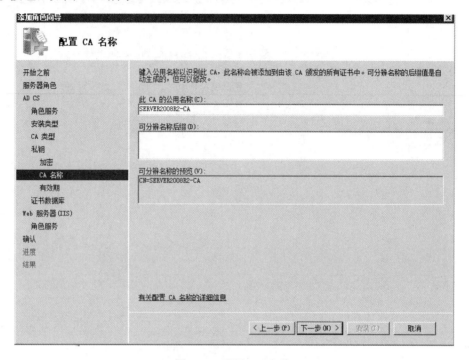

图 2-92　配置 CA 名称

11. 设置 CA 生成的证书有效期为【2】【年】，继续单击【下一步】按钮，如图 2-93 所示。

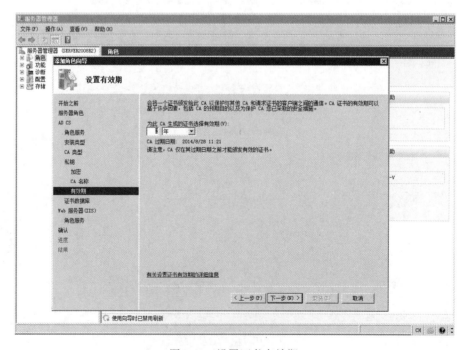

图 2-93　设置证书有效期

12. 使用默认的【证书数据库位置】和【证书数据库日志位置】，继续单击【下一步】按钮，如图 2-94 所示。

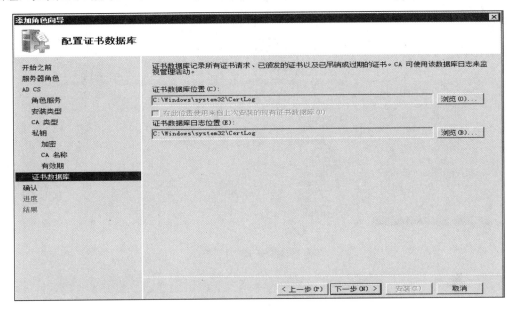

图 2-94　证书数据库路径

13. 检查所有安装选项正常后，单击【安装】按钮，如图 2-95 所示。

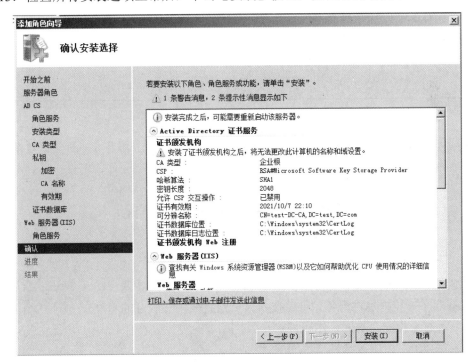

图 2-95　确认安装 CA

14. 单击【关闭】按钮，至此，证书服务器安装完成，可以登录 http://192.168.1.2/certsrv/

Default.asp 进行证书申请，如图 2-96 所示。

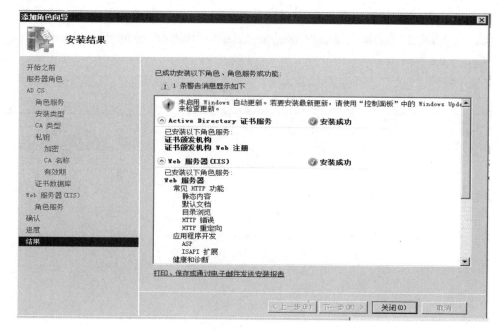

图 2-96 配置完成

★ **任务验收**

通过本任务的实施，学会配置 AD CA 证书。

评价内容	评价标准	完成效果
部署 AD CA 证书服务	在规定时间内，完成 AD CA 证书的安装与部署	

★ **拓展练习**

为域环境 Windows Server 2008 R2 服务器安装 AD CA 证书服务，并新建有效期为 3 年的私钥。

任务 3 IIS 服务的安全配置

★ **任务描述**

网络安全工程师小张学校的 Windows Server 2008 R2 服务器，架设了 Web 服务对校内提供服务。目前技术人员仅完成了该服务的基础架设，并没有进行安全加固，这可能会引发网络安全问题，小张接到任务，需要马上对该服务进行安全加固。

★ **任务分析**

微课 24

在 Windows Server 2008 R2 服务器中，可以通过移除缺省的 Web 站点、证书加密、修改匿名登录、设置请求筛选、配置记录日志等安全加固手段，实现 IIS 安全管理。

★　**任务实施**

1．在域控器桌面单击【开始】菜单，选择【管理工具】，打开【Internet 信息服务(IIS)管理器】，如图 2-97 所示。

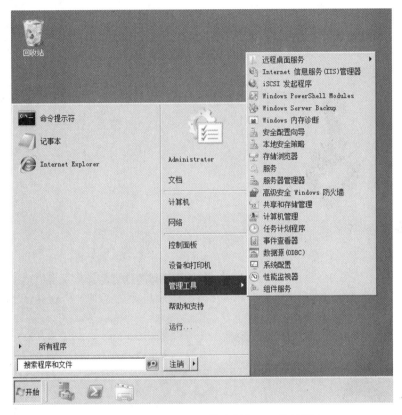

图 2-97　打开【Internet 信息服务(IIS)管理器】

2．移除缺省的 Web 站点，选中界面左侧的【Default Web Site】站点，单击鼠标右键选择【删除】，如图 2-98 所示。

> ✿**经验分享**
>
> 很多恶意用户瞄准 C:\inerpub 这个文件夹，并在里面放置一些偷袭工具，从而造成服务器的瘫痪，防止这种攻击最简单的方法就是在 IIS 里将缺省的站点禁用或删除。网络用户都是通过 IP 地址访问网站的（一天可能要访问成千上万个 IP 地址），因此他们的请求可能因为攻击者放置的偷袭工具而遇到麻烦。网络管理员需要将真实的 Web 站点指向一个特定分区的文件夹，且必须包含安全的 NTFS 权限（将在后面 NTFS 的部分详细阐述）。

3．选中【网站】，单击鼠标右键选择【添加网站】，如图 2-99 所示。

4．在【网站名称】文本框中输入站点名称，【物理路径】选择站点所在的文件夹，单击【确定】按钮创建站点，如图 2-100 所示。

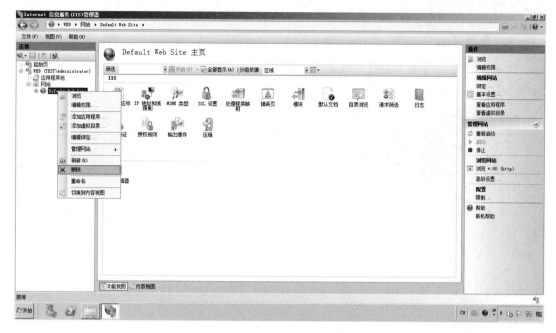

图 2-98   删除 IIS 缺省的 Web 站点

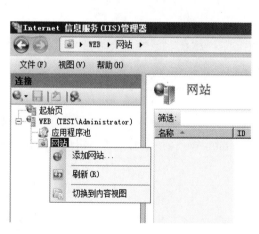

图 2-99   创建站点

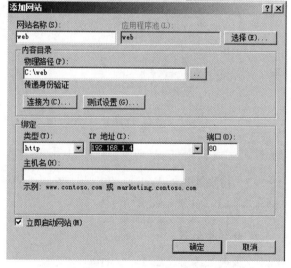

图 2-100   【添加网站】界面

✿**经验分享**

　　将 Web 站点文件夹存放在一个 NTFS 分区的文件夹里，不同的人需要不同的权限，管理员需要完全控制，这个文件夹的访问权限越小越安全。在 Web 服务器上使用 NTFS 权限能帮助用户保护重要的文件和应用程序。

5. 为站点申请证书加密访问，选中界面左侧需要申请证书的站点，双击选择【服务器证书】，如图 2-101 所示。

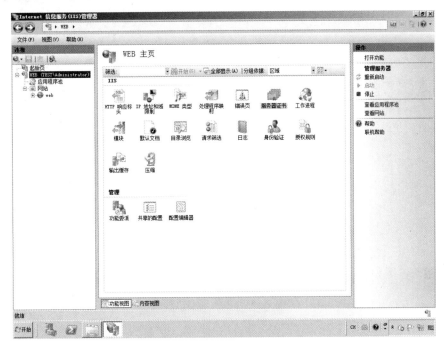

图 2-101　选择服务器证书

6. 在界面右侧的操作栏中，单击【创建域证书】，如图 2-102 所示。

图 2-102　创建域证书

7. 输入申请 web 站点的信息，然后单击【下一步】按钮，如图 2-103 所示。

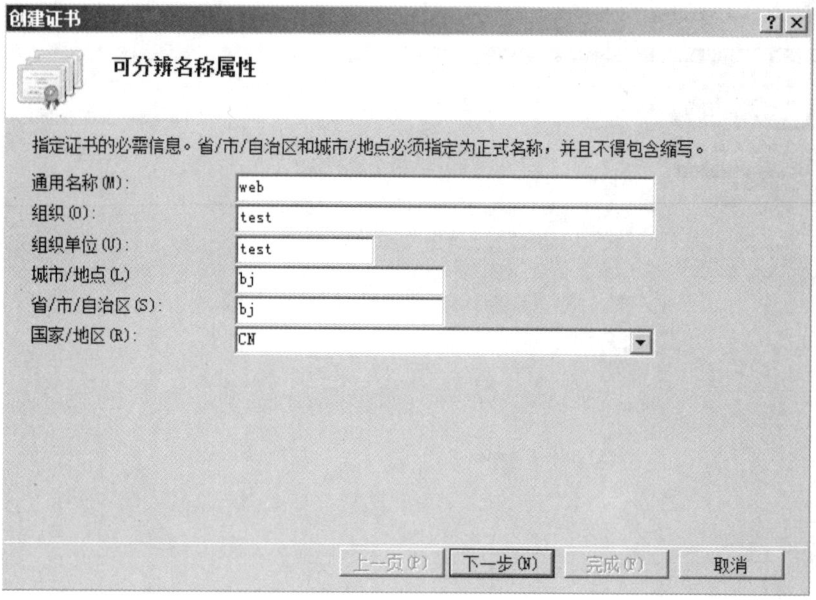

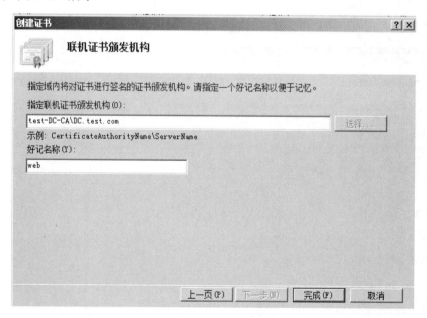

图 2-103 输入证书信息

8. 输入【指定联机证书颁发机构】信息和【好记名称】，单击【完成】按钮。证书创建完成，如图 2-104 所示。

图 2-104 输入颁发机构和名称

9. 选择界面左侧的【web】站点，在右侧操作栏中单击【绑定】，如图 2-105 所示。

10. 在【网站绑定】界面，单击【添加】，添加网站绑定，如图 2-106 所示。

11. 【类型】选择【https】，然后在【SSL 证书】的下拉菜单中选择在任务 2 中申请的证书。单击【确认】按钮绑定证书，如图 2-107 所示。

图 2-105　web 网站管理界面

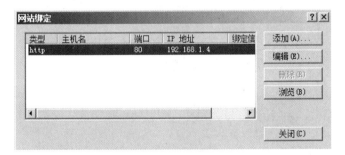

图 2-106　【网站绑定】界面

图 2-107　【添加网站绑定】界面

12. 绑定成功后，选中绑定类型为【http】的条目，单击【删除】→【关闭】按钮。这样站点用户以后只可以通过 https 的方式进行访问，如图 2-108 所示。

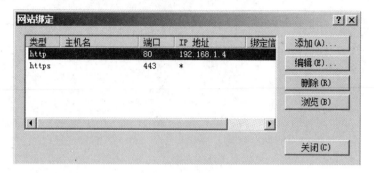

图 2-108　删除 http 绑定信息

13. 修改匿名登录，在服务器管理器中创建一个新用户名为 webguest 的用户，如图 2-109 所示。

✿经验分享

安装 IIS 后产生的匿名用户 IUSR_Computername（密码随机产生），其匿名访问给 Web 服务器带来潜在的安全性问题，应对其权限加以控制。如无匿名访问需要，可取消 Web 的匿名服务，也可以创建一个新的用户用于匿名访问。

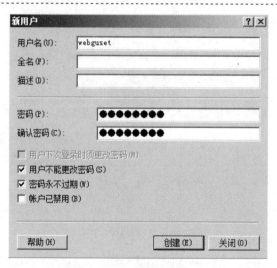

图 2-109　创建用户

14. 双击【web 主页】界面中的【身份验证】，如图 2-110 所示。

15. 选中【匿名身份验证】在右侧操作栏单击【编辑】，如图 2-111 所示。

16. 在弹出的【编辑匿名身份验证凭证】界面中，单击【设置】更改用户，如图 2-112 所示。

17. 输入已创建好的用户名和密码，单击【确定】完成配置，如图 2-113、图 2-114 所示。

图 2-110　web 网站管理界面→身份验证

图 2-111　web 网站身份验证界面

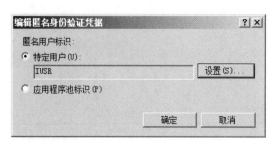

图 2-112　更改匿名用户标识

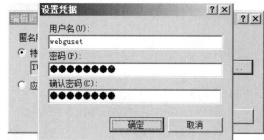

图 2-113　设置凭据

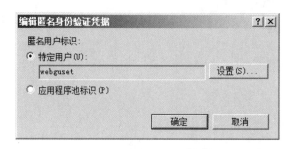

图 2-114　编辑匿名身份验证凭据

18. 通过设置请求筛选功能，防止站点中的内容被浏览。双击【请求筛选】，如图 2-115 所示。

图 2-115　web 网站的请求筛选功能

19．在如图 2-116 所示界面选择【隐藏段】选项卡，单击右侧操作栏【添加隐藏段】。在弹出的如图 2-117 所示界面中输入要隐藏的网页文件名称，然后单击【确定】按钮。

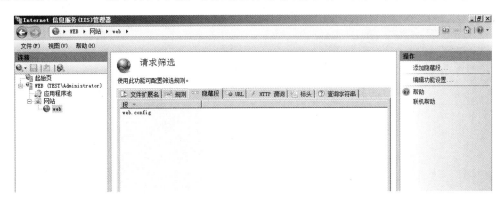

图 2-116　添加隐藏段

图 2-117　添加文件名称

20．在 IE 浏览器中输入 https://localhost/longinfo.html 浏览网页，会发现这个页面已经无法浏览了，如图 2-118 所示。

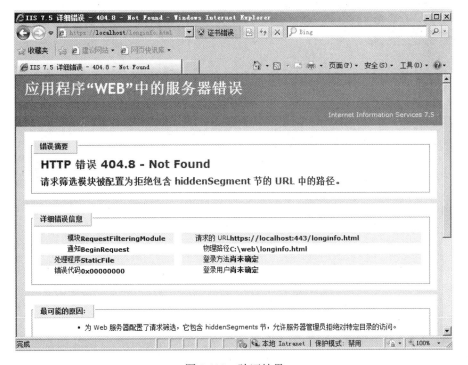

图 2-118　验证结果

21. 通过配置日志功能，记录用户对站点的访问。双击【日志】，如图 2-119 所示。

图 2-119　web 主页管理界面→日志功能

22. 单击【选择字段】设置日志需要记录的信息，如图 2-120 所示。

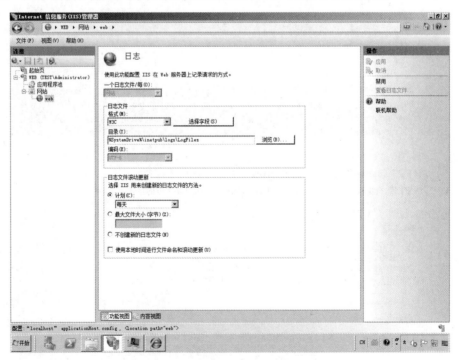

图 2-120　选择字段

23．勾选【日期】、【时间】、【客户端 IP 地址】、【用户名】、【服务名称】、【服务器 IP 地址】、【服务器端口】、【方法】、【URI 资源】、【URI 查询】和【所用时间】，这些信息来详细记录对服务器的访问行为。然后单击【确定】按钮保存设置，如图 2-121 所示。

24．在如图 2-120 所示界面中，单击【浏览】，在 C 盘根目录中新建"weblog"文件夹用来保存日志文件，单击【确定】保存，如图 2-122 所示。

图 2-121　日志记录字段内容

图 2-122　日志保存位置

25．在【日志文件滚动更新】中可以按"每小时"、"每天"、"每周"和"每月"设置文件的滚动周期。设置完成之后，单击右侧操作栏中【应用】保存配置，如图 2-123 所示。

图 2-123　应用保存

★ **任务验收**

通过本任务的实施，学会 IIS 服务的安全配置。

评价内容	评价标准	完成效果
IIS 服务的安全配置	在规定时间内，完成 IIS 服务的安全配置	

★ **拓展练习**

配置域环境中的 IIS 服务，删除默认网站，建立名为"webmaster"的网站，并提升该网站的安全性。

任务4　站点间 VPN 服务的配置

★ **任务描述**

微课 25

网络安全工程师小张所在的学校在本市其他区成立了一所分校，由于业务需要，分校区和校本部经常需要共享数据，以实现动态调配管理。考虑到两个办公区域之间相距较远，内部数据资料不可以直接通过公网访问，架设或租用专线成本昂贵，决定使用服务器作为安全网关，使用 VPN 技术让分校与总校连接。使分校能够和校本部共享数据，实时访问校本部内网数据。

★ **任务分析**

因为校本部和分校距离较远，直接互联成本太高。考虑两个办公区域都已接入 Internet，可以在两个校区的网关服务器上配置点到点的 VPN，让各校区通过 VPN 实现内网直接互访。

★ **任务实施**

实验环境拓扑图，如图 2-124 所示。

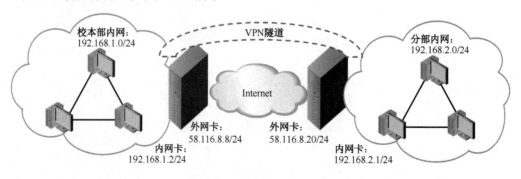

图 2-124　实验环境拓扑图

1．进入总部服务器在桌面单击【开始】菜单，选择【管理工具】，打开【路由和远程访问】工具，如图 2-125 所示。

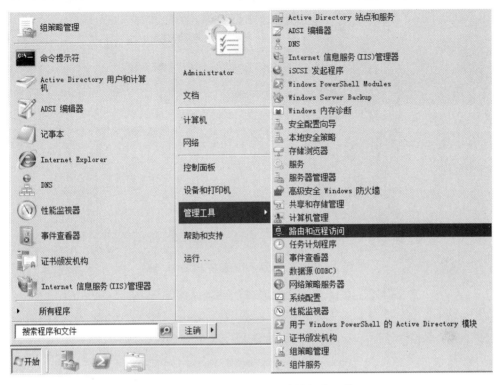

图 2-125　打开【路由和远程访问】工具

2．弹出如图 2-126 所示【路由和远程访问】界面，选中【DC（本地）】节点，单击鼠标右键，选择【配置并启用路由和远程访问】，进入配置向导。

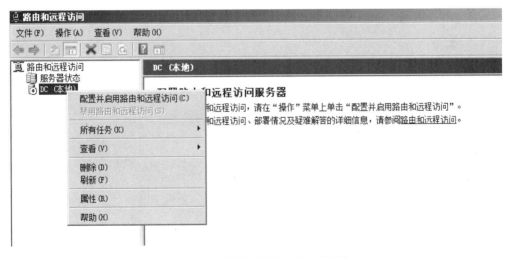

图 2-126　配置并启用路由和远程访问

3．在【路由和远程访问服务器安装向导】中，单击【下一步】按钮开始配置服务，如图 2-127 所示。

4．选择【两个专用网络之间的安全连接】后单击【下一步】按钮，如图 2-128 所示。

5．【请求拨号连接】界面中，选择【否】后，单击【下一步】按钮，如图 2-129 所示。

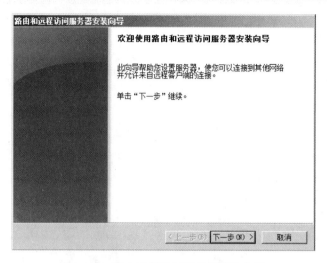

图 2-127　路由远程访问服务器安装向导

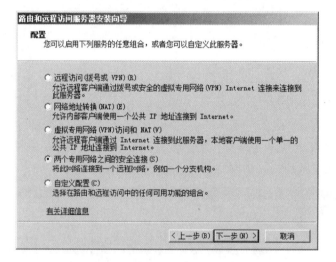

图 2-128　选择启用服务类型

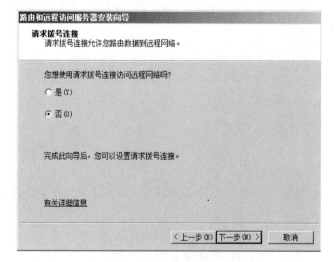

图 2-129　请求拨号连设置

6．配置完成。单击【完成】按钮，等待服务启动，如图 2-130 所示。

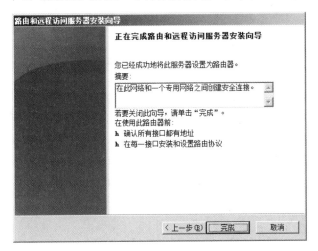

图 2-130　安装完成

7．服务启动后，选择【网络接口】，单击鼠标右键后选择【新建请求拨号接口】，如图 2-131 所示。

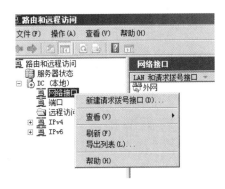

图 2-131　新建请求拨号接口

8．单击【下一步】按钮后开始设置拨号信息，如图 2-132 所示。

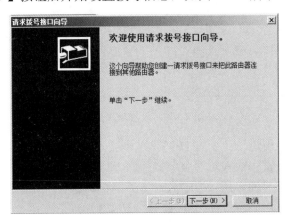

图 2-132　请求拨号接口向导

9. 输入【接口名称】后，单击【下一步】按钮，如图 2-133 所示。

> ✿ **经验分享**
>
> 在设置接口名称时需要注意请使用英文名称，此名称也会同时用于拨号时的用户名称，且名称不要和现有用户名一致，以防冲突。

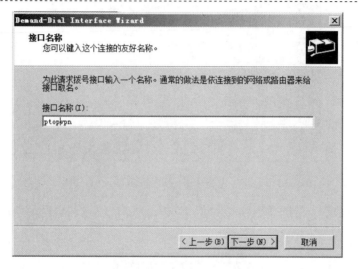

图 2-133　设置接口名称

10. 选择【使用虚拟专用网络连接（VPN）】后单击【下一步】按钮，如图 2-134 所示。

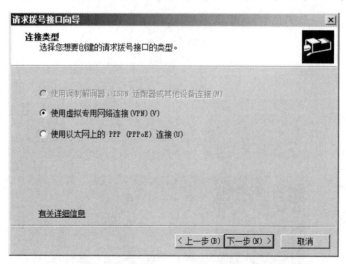

图 2-134　设置连接类型

11. 选择【点对点隧道协议（PPTP）】，单击【下一步】按钮，如图 2-135 所示。

12. 在目标地址设置中输入对端服务器外网卡接口 IP 地址，单击【下一步】按钮。这个地址是用于向对方拨号的，所以要输入对方外网接口地址，如图 2-136 所示。

13. 勾选【在此接口上路由选择 IP 数据包】和【添加一个用户账户使远程路由器可以拨入】，如图 2-137 所示。

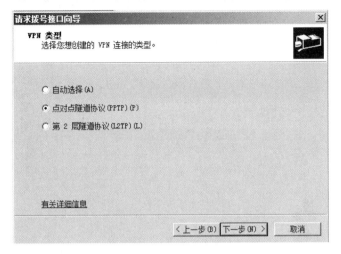

图 2-135　设置 VPN 类型

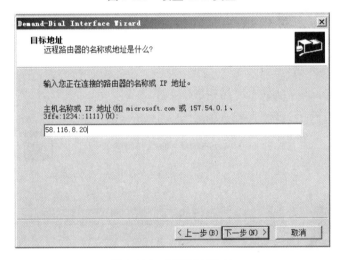

图 2-136　设置目标地址

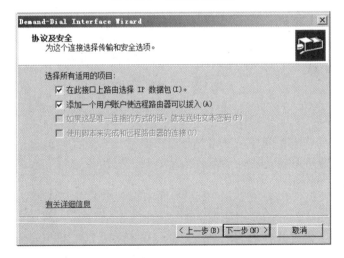

图 2-137　设置协议及安全

14．单击【添加】，输入远程网络的静态路由，这里是设置对端的网络路由，输入对端地址"192.168.2.0"、网络掩码"255.255.255.0"、跃点数"1"，单击【确定】按钮保存配置，如图 2-138 所示。

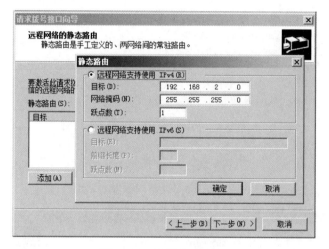

图 2-138　设置静态路由

15．设置拨入凭据，设置用户名和密码。单击【下一步】按钮，如图 2-139 所示。

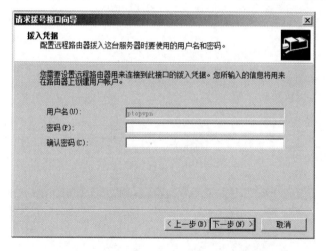

图 2-139　设置拨入凭据

16．设置拨出凭据，在如图 2-140 所示界面中输入对端用户名和密码，单击【下一步】按钮。最后单击【完成】按钮应用配置，如图 2-141 所示。

17．校总部服务器配置完成后，进入分部校区服务器，按照相同的步骤配置服务。两端都配置完成后，单击【网络接口】，然后选择右侧栏目中创建好的拨号接口【ptopvpn】并单击鼠标右键选择【连接】，如图 2-142 所示。

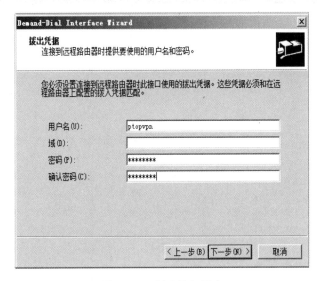

图 2-140　创建拨入用户

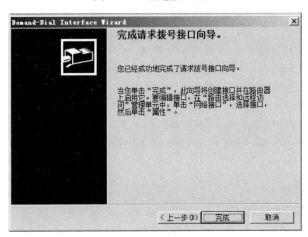

图 2-141　配置完成

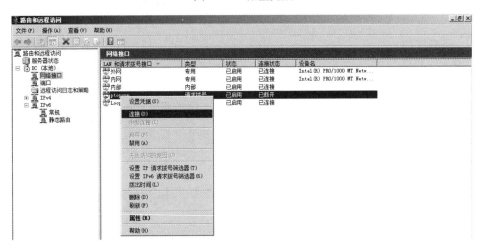

图 2-142　路由和远程访问界面

18．当两端都连接成功后使用"ping"命令进行测试访问对方内部网络，如图 2-143 所示。

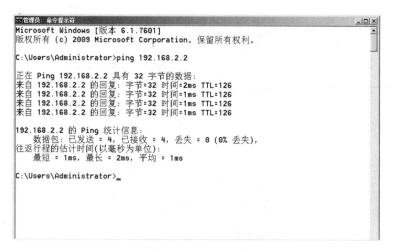

图 2-143　测试成功

★　**任务验收**

通过本任务的实施，学会站点间 VPN 服务的配置。

评价内容	评价标准	完成效果
站点间 VPN 服务的配置	在规定时间内，完成站点间 VPN 服务的配置	

★　**拓展练习**

使用路由及远程访问工具配置 VPN 服务使得总公司的 192.168.1.0 网络与分公司的 192.168.2.0 网络进行正常通信。

任务5　站点间 IPsec 传输加密

★　**任务描述**

网络安全工程师小张所在的学校，于本市其他区成立了一所分校，由于工作的需要，使用网关服务器通过 VPN 隧道来进行分校区和校本部间的数据通信，以实现动态调配管理。考虑到数据在网络中传输的安全性，现在需要对传输数据进行加密以保障数据的安全可靠。

微课 26

★　**任务分析**

校园网内已经有了证书服务器，我们可以通过证书和 IPsec 协议策略来加密传输的数据。

✿**知识链接**

IPsec 是一种开放标准的框架结构，它通过使用加密安全服务来确保 IP 网络上保

密安全的通信。Windows 的 IPsec 执行基于由 Internet 工程任务组 (IETF) 内 IPsec 工作组开发的标准。IPsec 策略用于配置 IPsec 安全服务。支持 TCP、UDP、ICMP、EGP 等大多数通信协议，可为现有网络中的通信提供各种级别的保护。可以根据计算机、域、站点的安全需要来配置策略。

★　任务实施

任务拓扑如图 2-144 所示。

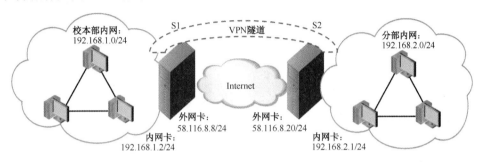

图 2-144　任务拓扑图

1．先登录校本部的网关服务器 S1，访问校内 CA 服务器证书申请网站 https://192.168.1.2/certsrv/，单击【申请证书】为 S1 服务器申请证书，如图 2-145 所示。

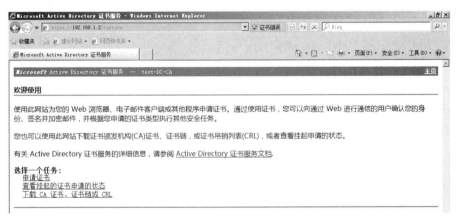

图 2-145　申请证书

2．在如图 2-146 所示界面单击【高级证书申请】。

图 2-146　高级证书申请

3. 在如图 2-147 所示界面中单击【创建并向此 CA 提交一个申请】。

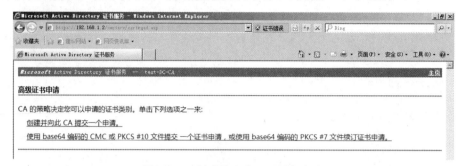

图 2-147　创建并向此 CA 提交申请

4. 在【证书模板】的下拉菜单中选择【IPsec（脱机申请）】模板，如图 2-148 所示。

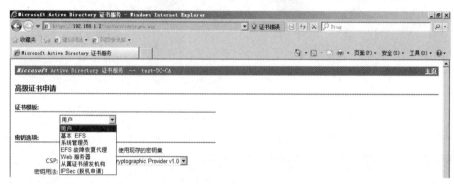

图 2-148　证书模板选择 IPsec（脱机申请）

5. 输入申请信息，【密钥选项】保持默认设置，设置一个证书名称（如：IPsecVPN），单击【提交】按钮，如图 2-149 所示。

图 2-149　提交申请

6. 在如图 2-150 所示界面中单击【安装此证书】。

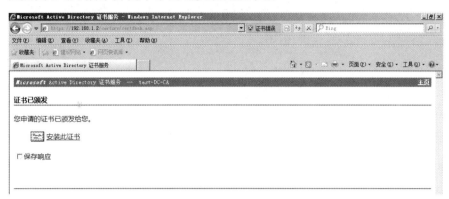

图 2-150　安装证书

7. 回到证书申请首页，单击【下载 CA 证书、证书链或 CRL】，如图 2-151 所示。

图 2-151　下载证书

8. 单击【下载 CA 证书】。保存证书文件至桌面，如图 2-152 所示。

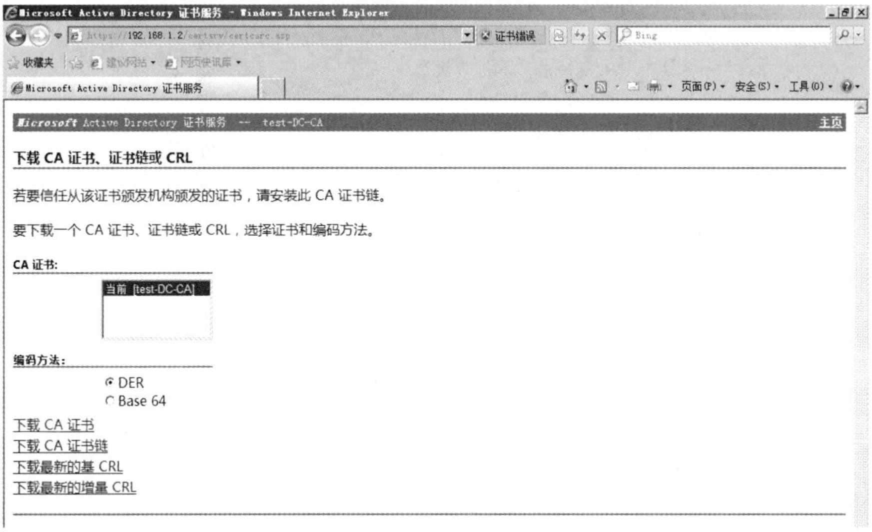

图 2-152　下载 CA 证书

9．双击桌面的证书文件，打开【证书】。单击【安装证书】按钮，如图 2-153 所示。

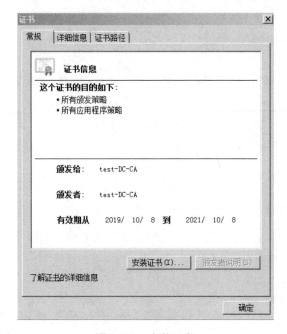

图 2-153　安装证书

10．弹出【证书导入向导】界面，选择【将所有的证书放入下列存储】，后单击【浏览】
按钮，如图 2-154 所示。

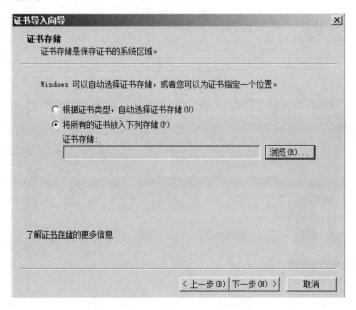

图 2-154　导入证书

11．在选择证书存储位置中勾选【显示物理存储区】，选择【受信任的根证书颁发机
构】→【本地计算机】。单击【确定】按钮，然后单击【下一步】按钮，如图 2-155 所示。

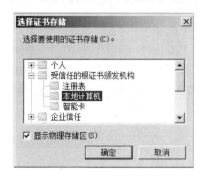

图 2-155　选择证书存储位置

12．单击【完成】按钮，证书安装完成，如图 2-156 所示。

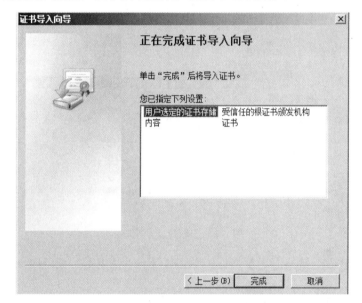

图 2-156　安装完成

13．在桌面【开始】菜单的【运行】中，输入命令"gpedit.msc"，单击【确定】按钮，如图 2-157 所示，打开本地安全策略。

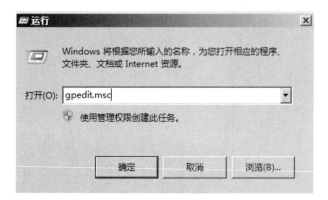

图 2-157　运行"gpedit.msc"命令

14. 在【本地组策略编辑器】界面中，展开左侧窗格，选择【Windows 设置】→【安全设置】选择【IP 安全策略，在本地计算机】并单击鼠标右键选择【创建 IP 安全策略】，如图 2-158 所示。

图 2-158　创建安全策略

15. 打开【IP 安全策略向导】界面，单击【下一步】按钮，如图 2-159 所示。

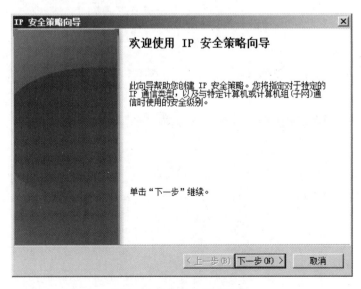

图 2-159　IP 安全策略向导

16．输入策略名称，单击【下一步】按钮，如图 2-160 所示。

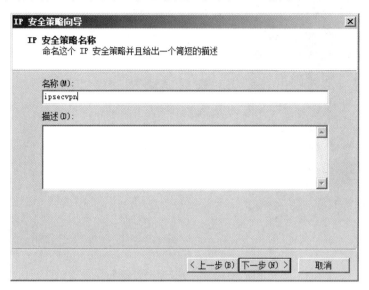

图 2-160　设置安全策略名称

17．选择默认，不勾选【激活默认响应规则】，单击【下一步】按钮，如图 2-161 所示。

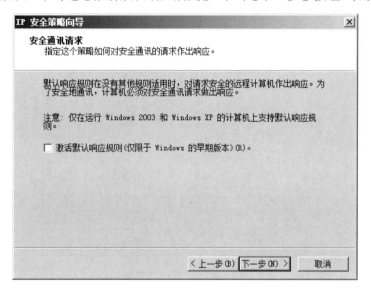

图 2-161　设置通讯请求

18．单击【完成】按钮开始编辑策略，如图 2-162 所示。

19．在【ipsecvpn 属性】界面中，单击【添加】按钮，如图 2-163 所示，打开【安全规则向导】。

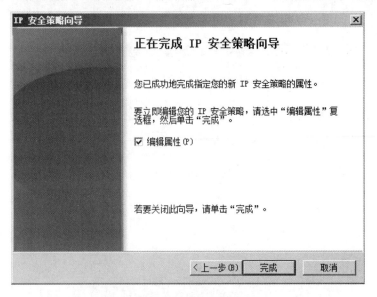

图 2-162 安全策略向导界面

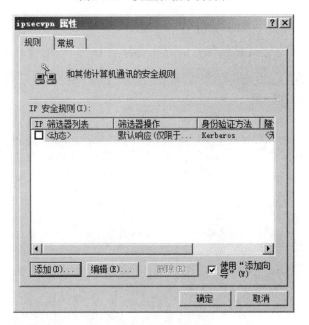

图 2-163 策略属性界面

20．在【安全规则向导】中进行隧道终结点设置。选择【此规则不指定隧道】后单击【下一步】按钮，如图 2-164 所示。

21．在网络上类型中选择【所有网络连接】，单击【下一步】按钮，如图 2-165 所示。

22．在如图 2-166 所示界面中。单击【添加】按钮，添加 IP 筛选策略。

23．在【IP 筛选器列表】界面中，单击【添加】设置规则，如图 2-167 所示。

24．在【IP 筛选器向导】中设置 IP 流量源，在源地址下拉菜单中选择【一个特定的 IP 地址或子网】，然后输入本机外网卡端口 IP 地址。单击【下一步】按钮，如图 2-168 所示。

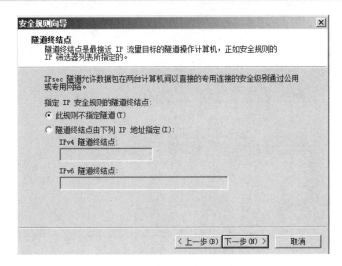

图 2-164 设置隧道终点

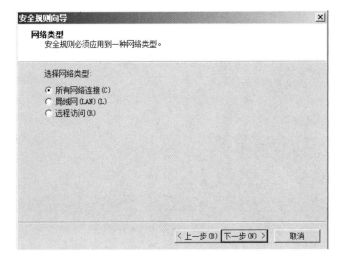

图 2-165 设置网路类型

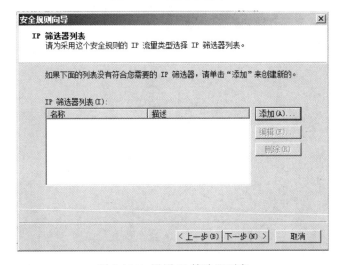

图 2-166 设置 IP 筛选器列表

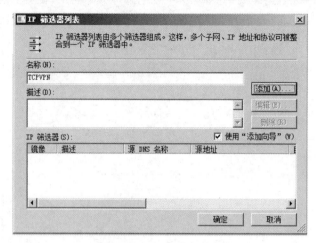

图 2-167　设置列表名称

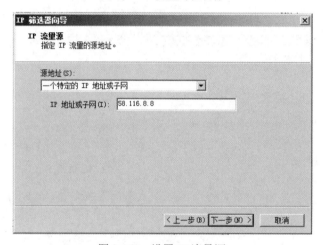

图 2-168　设置 IP 流量源

25. 在【目标地址】下拉菜单中选择【一个特定的 IP 地址或子网】，然后输入对端外网卡端口 IP 地址。单击【下一步】按钮，如图 2-169 所示。

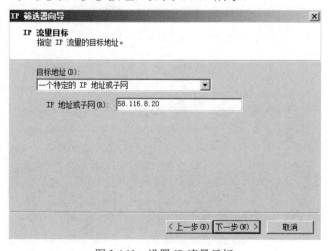

图 2-169　设置 IP 流量目标

26．设置 IP 协议类型为【任何】协议。单击【下一步】按钮完成筛选器配置，如图 2-170 所示。

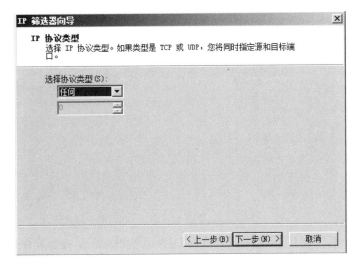

图 2-170　设置 IP 协议类型

27．在【名称】文本框中输入【TCPVPN】后单击【确定】按钮，筛选器配置完成，如图 2-171 所示。

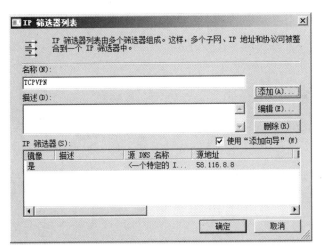

图 2-171　【IP 筛选器列表】界面

28．选择创建好的筛选器，单击【下一步】按钮，如图 2-172 所示。

29．在筛选器操作界面中单击【添加】按钮打开【筛选器操作向导】界面，输入筛选器操作名称后单击【下一步】按钮，如图 2-173 所示。

30．在【筛选器操作常规选项】中，选择【协商安全】后单击【下一步】按钮，如图 2-174 所示。

31．选择【不允许不安全的通信】，单击【下一步】按钮，如图 2-175 所示。

32．在【IP 流量安全】中选择【完整性和加密】后单击【下一步】按钮，筛选器操作设置结束，如图 2-176 所示。

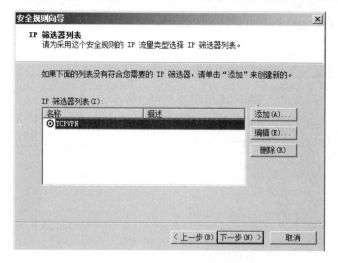

图 2-172　选择创建好的筛选器

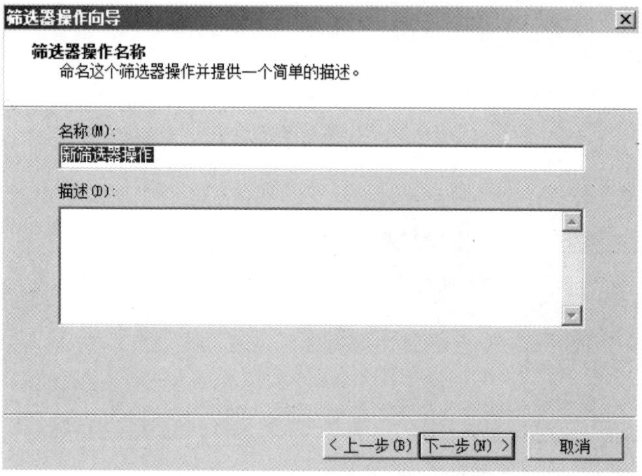

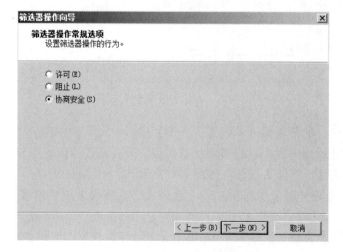

图 2-173　设置筛选器操作名称

图 2-174　设置筛选器操作常规动作

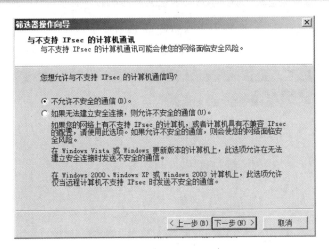

图 2-175　设置与不支持 IPsec 的计算机通信选项

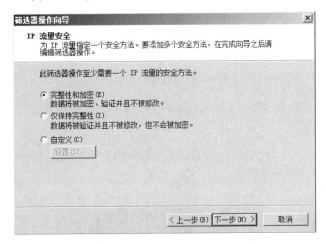

图 2-176　设置 IP 流量安全

33．在窗口中，选择"新筛选器操作"，单击【下一步】按钮，如图 2-177 所示。

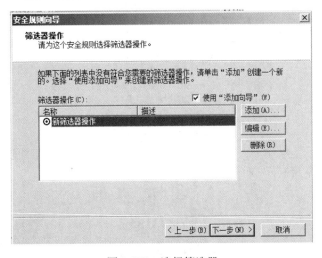

图 2-177　选择筛选器

34. 设置身份验证方法，选择【使用由此证书颁发机构（CA）颁发的证书】后单击【浏览】按钮，如图 2-178 所示。

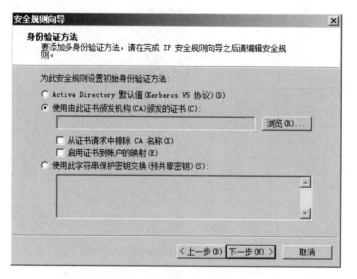

图 2-178　设置身份验证方法

35. 在弹出的如图 2-179 所示界面中选择导入的证书（test-DC-CA），单击【确定】→【下一步】按钮。

图 2-179　选择证书

36. 勾选【编辑属性】后单击【完成】按钮，安全策略规则配置完成，如图 2-180 所示。

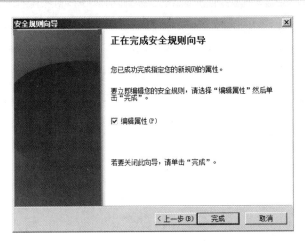

图 2-180　规则配置完成

37. 在弹出的【新规则 属性】界面中单击【确定】按钮，规则创建完成，如图 2-181 所示。

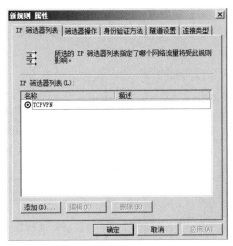

图 2-181　IP 筛选器列表标签界面

38. 在【本地组策略编辑器】界面右侧窗格中选中策略，单击鼠标右键选择【分配】应用策略，如图 2-182 所示。

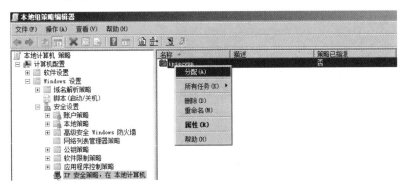

图 2-182　分配策略

39．校本部站点已经配置完成。使用相同的方法，配置分部网关服务器。配置完成后使用 ping 命令测试对端端口和 IP 地址，然后将安全策略一端设置未分配。查看通信是否断开，分配策略后是否能正常访问，如图 2-183 所示。

```
管理员：C:\Windows\system32\CMD.exe                              _ □ ×
^C
C:\Users\Administrator>
C:\Users\Administrator>PING 58.116.8.20 -t

正在 Ping 58.116.8.20 具有 32 字节的数据:
请求超时。
请求超时。
请求超时。
请求超时。
请求超时。
来自 58.116.8.20 的回复: 字节=32 时间=7ms TTL=128
来自 58.116.8.20 的回复: 字节=32 时间=1ms TTL=128
来自 58.116.8.20 的回复: 字节=32 时间<1ms TTL=128
来自 58.116.8.20 的回复: 字节=32 时间<1ms TTL=128
来自 58.116.8.20 的回复: 字节=32 时间<1ms TTL=128
来自 58.116.8.20 的回复: 字节=32 时间=1ms TTL=128
来自 58.116.8.20 的回复: 字节=32 时间=2ms TTL=128
来自 58.116.8.20 的回复: 字节=32 时间<1ms TTL=128
来自 58.116.8.20 的回复: 字节=32 时间<1ms TTL=128
来自 58.116.8.20 的回复: 字节=32 时间=1ms TTL=128
来自 58.116.8.20 的回复: 字节=32 时间=1ms TTL=128
来自 58.116.8.20 的回复: 字节=32 时间<1ms TTL=128
```

图 2-183　验证结果

★　**任务验收**

通过本任务的实施，学会站点间 IPsec 传输加密的配置。

评价内容	评价标准	完成效果
站点间 IPsec 传输加密的配置	在规定时间内，完成站点间 IPsec 传输加密的配置	

★　**拓展练习**

完成基于 IPsec 安全传输的 VPN 配置，将总校 192.168.1.0 网络与分校 192.168.2.0 网络连接，实现正常通信。

任务 6　AD RMS 服务的安全配置

★　**任务描述**

网络安全工程师小张负责学校 Windows Server 2008 R2 服务器的管理工作，目前校内文件服务器中存储着众多文档资料，出于安全考虑，需要对文件系统进行安全加固，而信息权限管理服务设置就是其中一项重要措施。

微课 27

★　**任务分析**

由于网络安全事件的不断发生，企业内部的文件数据安全性已经成为网络安全领域比较受关注的课题之一。网络中安全的威胁通常来自互联网和局域网络内部，而来自企业内部的网络攻击往往是最致命的。遭受攻击后通常会导致企业内部敏感数据的大量泄露，从而会对企业造成巨大的经济损失。微软公司的 RMS（Rights Management Services，权限管理服务）正是在这种环境下产生的。它通过数字证书和用户身份验证技术对各种支持 AD RMS 的应用程序文档访问权限加以限制，可以有效防止内部用户通过各种途径擅自泄露机密文档内容，从而确保了数据文件访问的安全性。

✿经验分享

　　通常在企业内部有各种各样的数字内容。常见的是与项目相关的文案、市场计划、产品资料等，这些内容通常仅允许在企业内部使用。尤其企业主管使用的市场分析报告、业绩考核报告、财务报告等，这些内容大多有很高的保密要求，仅允许相关主管使用。微软 RMS（信息权限管理服务）是针对企业数字内容管理的解决方案。

★　**任务实施**

1．创建用于 RMS 服务管理的用户"rmsadmin"，在如图 2-184 所示界面中输入相关信息。

图 2-184　创建用户

2．为用户设置权限，用户属于"Account Operators"组，如图 2-185 所示。

✿经验分享

　　Account Operators 是一个 Windows 活动目录中内置的安全组，位于"Builtin"容器。默认情况下，该内置组没有成员。它可以创建和管理该域中的用户和组，但不可以管理服务管理员账户。

3．由于使用 RMS 服务需要为用户设置【电子邮件】地址，用户要使用邮箱地址登录系统。邮箱地址后缀为域名，在如图 2-186 所示的【常规】选项卡中输入相关信息。

4．打开【服务器管理器】，单击【添加角色】，如图 2-187 所示。

5．勾选【Active Directory Rights Management Services】后单击【下一步】按钮，如图 2-188 所示。

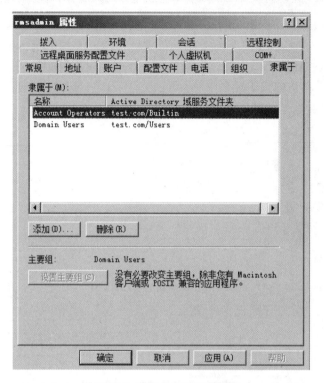

图 2-185　设置【隶属于】属性

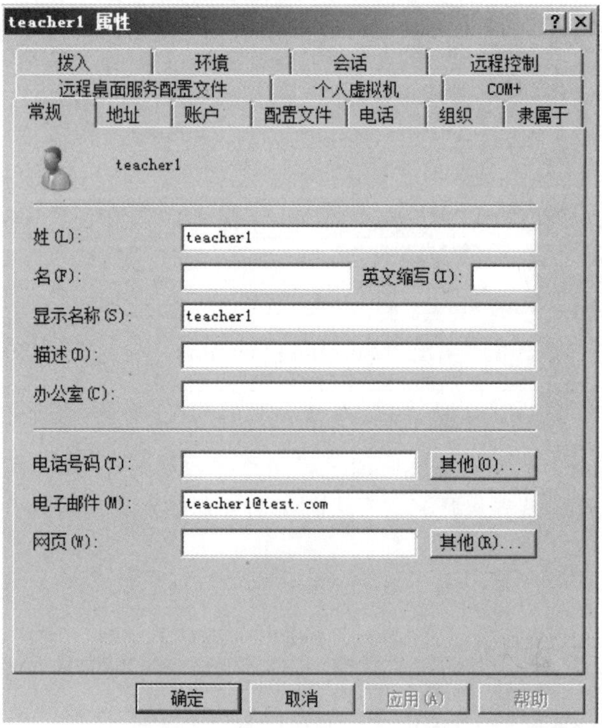

图 2-186　设置电子邮件地址

图 2-187　添加角色

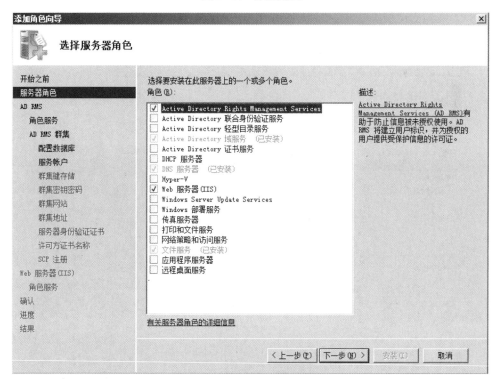

图 2-188　勾选角色

6. 配置 ADRMS 所需的角色服务和功能，在弹出的【添加角色向导】界面中单击【添加所需的角色服务】按钮，如图 2-189 所示。

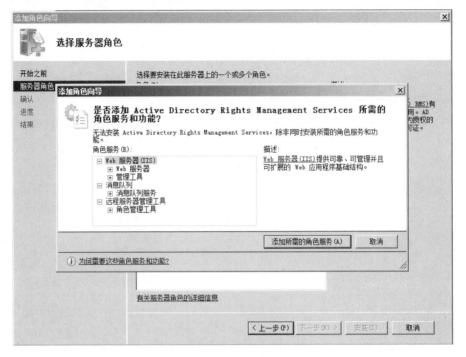

图 2-189　添加所需的角色服务

7. 勾选【Active Directory 权限管理服务器】后单击【下一步】按钮，如图 2-190 所示。

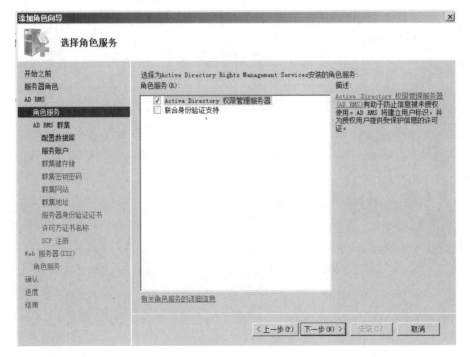

图 2-190　勾选角色服务

8. 选择【新建 AD RMS 群集】后单击【下一步】按钮，如图 2-191 所示。

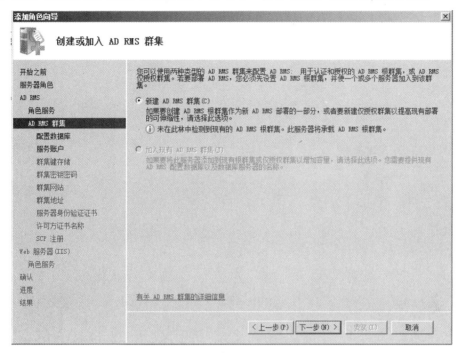

图 2-191　新建 AD RMS 群集

9. 勾选【在此服务器上使用 Windows 内部数据库】后单击【下一步】按钮，如图 2-192 所示。

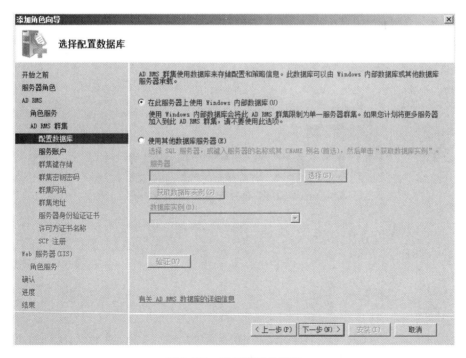

图 2-192　选择配置数据库

10. 指定服务账户，单击【指定】按钮，如图 2-193 所示。

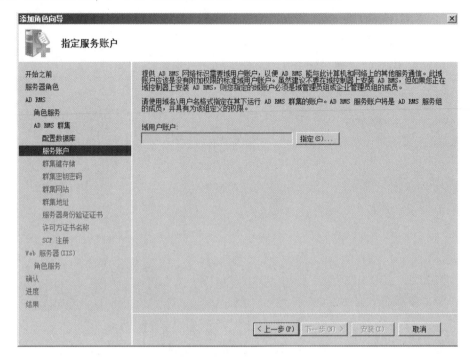

图 2-193　指定用户

11. 输入用户名和密码后单击【确定】按钮，然后单击【下一步】按钮，如图 2-194 所示。

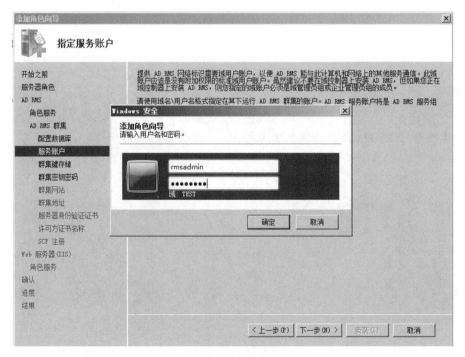

图 2-194　输入用户名和密码

12. 选择【使用 AD RMS 集中管理的密钥存储】，然后单击【下一步】按钮，如图 2-195 所示。

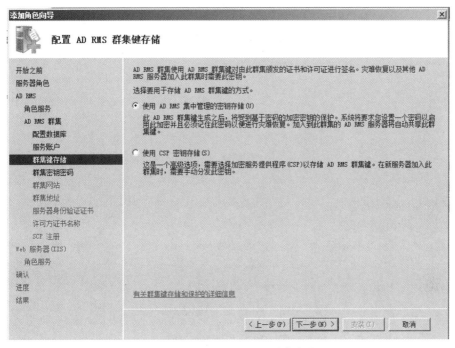

图 2-195　配置 AD RMS 群集存储

13. 指定 AD RMS 群集密钥密码，密码需要符合域用户密码安全策略，输入后单击【下一步】按钮，如图 2-196 所示。

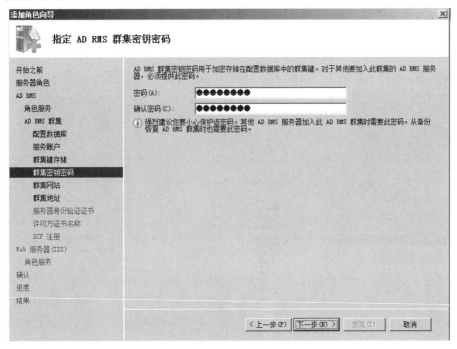

图 2-196　设置密码

14. 选择 AD RMS 群集网站，后单击【下一步】按钮，如图 2-197 所示。

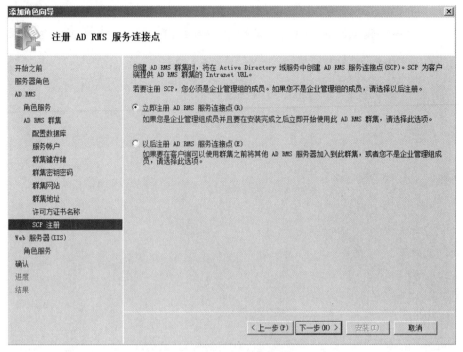

图 2-197　设置群集网站

15. 指定群集地址，选择【使用 SSL 加密连接】，然后在内部地址【完全限定的域名】输入域名，单击【验证】→【下一步】按钮，如图 2-198 所示。

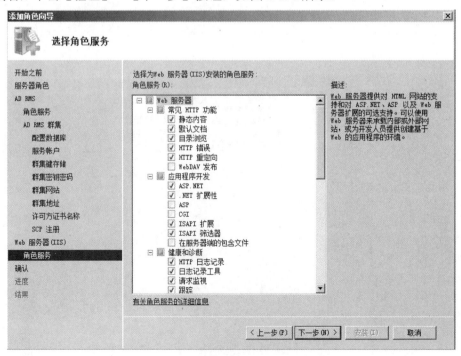

图 2-198　指定域名

16. 选择【为 SSL 加密创建自签名证书】然后单击【下一步】按钮，如图 2-199 所示。

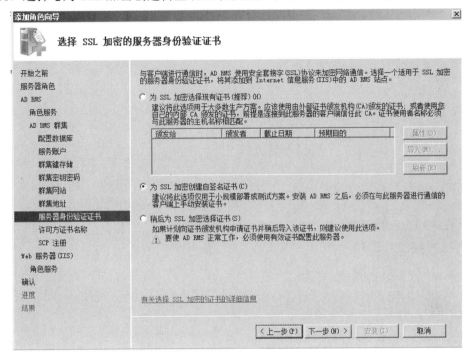

图 2-199 为 SSL 加密创建自签名证书

17. 设置命名服务器【许可方证书名称】，在【名称】中输入名称，后单击【下一步】按钮，如图 2-200 所示。

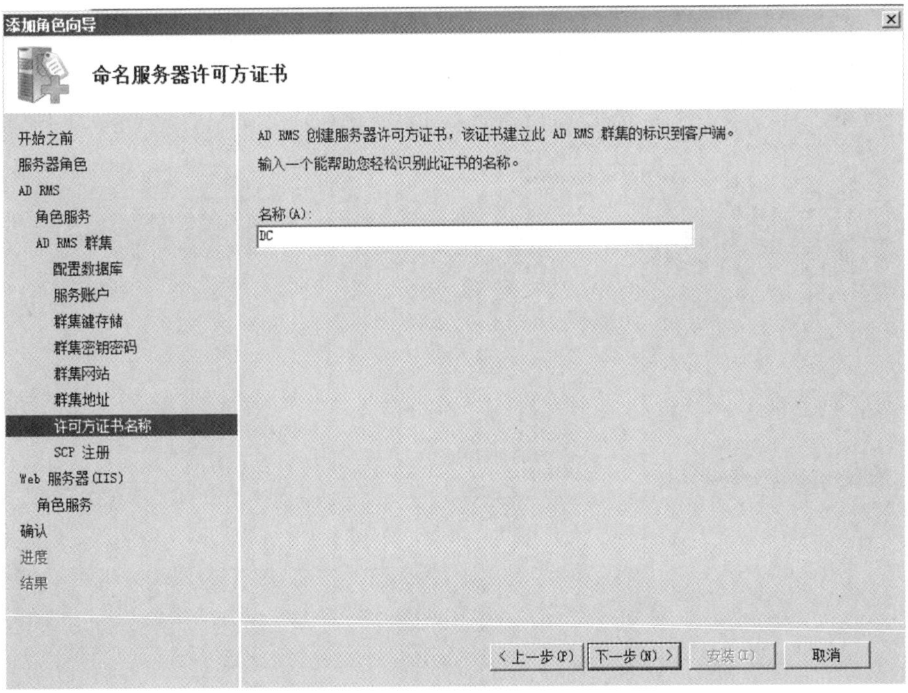

图 2-200 设置服务器许可方证书名称

18. 选择【立即注册 AD RMS 服务连接点】，后单击【下一步】按钮，如图 2-201 所示。

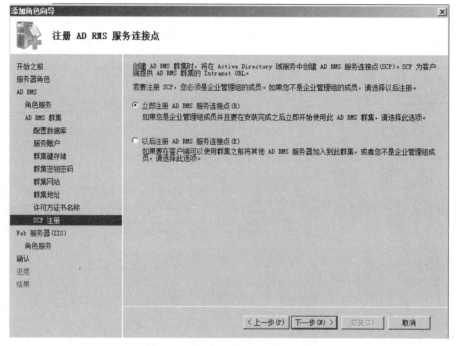

图 2-201　注册 AD RMS 服务连接点

19. 选择 Web 服务器需要安装的服务内容，使用默认服务即可。后单击【下一步】按钮，如图 2-202 所示。

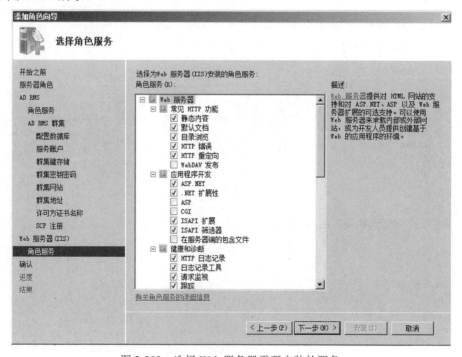

图 2-202　选择 Web 服务器需要安装的服务

20．单击【安装】按钮，等待安装完成后单击【关闭】按钮。重启系统，如图 2-203 所示。

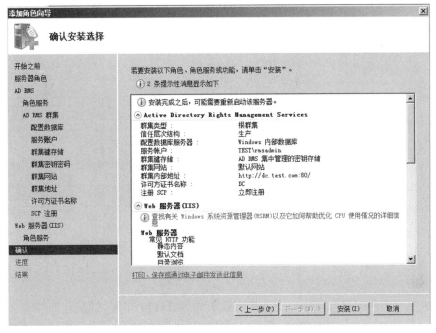

图 2-203　确认安装

21．重启系统后，点击任务栏【开始】菜单→【管理工具】→【Active Directory Rights Management Services】管理器，如图 2-204 所示。

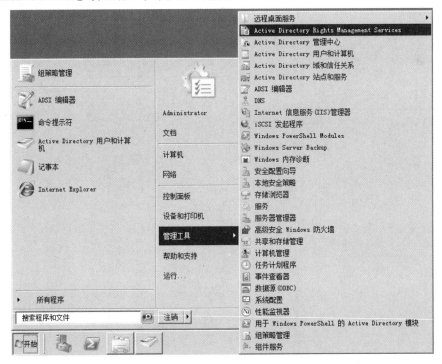

图 2-204　打开 Active Directory Rights Management Services

22. 选中【Active Directory Rights Management Services】，单击鼠标右键选择【添加群集】，如图 2-205 所示。

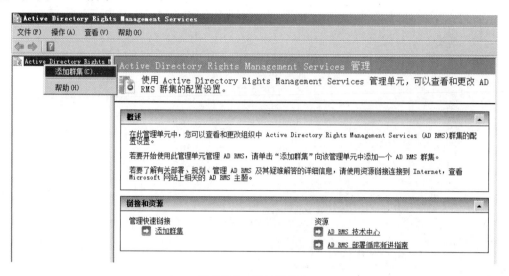

图 2-205　添加群集 1

23. 在【添加群集】界面中，【连接协议】选为【HTTPS】，就是在服务添加向导时所指定群集地址和端口号。然后单击【完成】按钮，如图 2-206 所示。在弹出【安全报警】提示界面中单击【是】按钮继续后续配置，如图 2-207 所示。

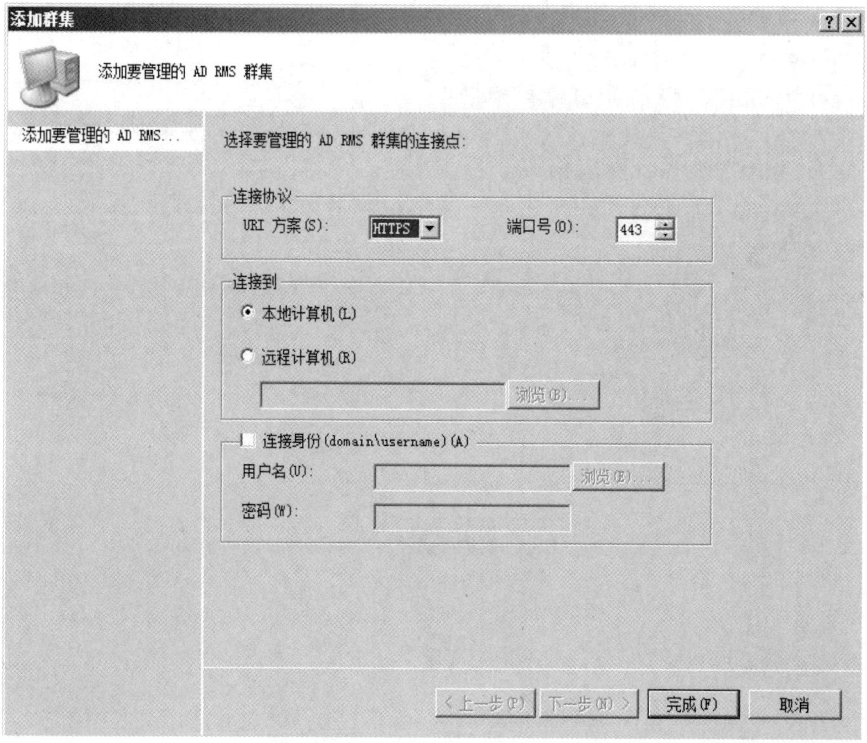

图 2-206　添加群集 2

24．添加完成后，选中【dc.test.com】单击鼠标右键选择【属性】，如图 2-208 所示。

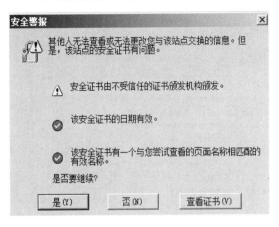

图 2-207　安全报警界面

图 2-208　单击属性

25．选择【SCP】选项卡，勾选【更改 SCP】，选择【将 SCP 设置为当前认证群集】，然后单击【确定】按钮，如图 2-209 所示。

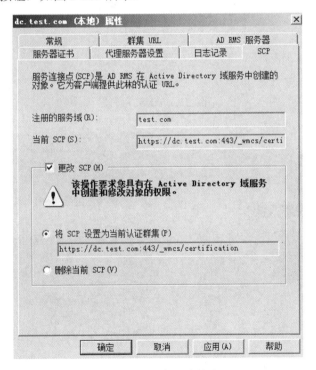

图 2-209　设置服务器连接点 SCP

26．单击【开始】菜单→【管理工具】→【ADSI 编辑器】，如图 2-210 所示。

27．选中【ADSI 编辑器】单击鼠标右键选择【连接到】，如图 2-211 所示。

28．在弹出的【连接设置】界面中，选择【选择一个已知命名上下文】，在其下拉菜单中选择【配置】，然后单击【确定】按钮，如图 2-212 所示。

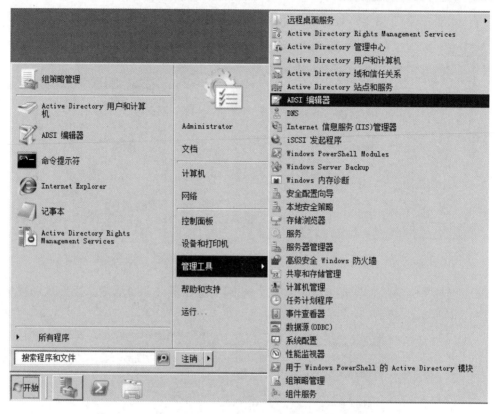

图 2-210　ADSI 编辑器

图 2-211　ADSI 编辑器界面

图 2-212　连接设置界面

29. 查看 SCP 注册情况，有 SCP 则为成功，路径为【配置[DC.test.com]】→【CN=Configuration,DC=test, DC=com】→【CN=Services】→【CN=RightsManagementServices】→【CN=SCP】，如图 2-213 所示。至此服务器配置完成。

30. 使用域用户登录系统配置客户端（以 Windows 7 系统为例），测试文档访问权限，如图 2-214 所示。

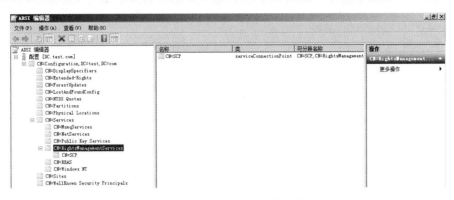

图 2-213　查看 SCP 注册情况

31．在 E 盘创建一个 Word 文档，如图 2-215 所示。

图 2-214　域用户登录系统　　　　　　　　　图 2-215　创建文档

32．然后使用 Microsoft Office 软件打开，如图 2-216 所示，选择【准备】→【限制权限】→【限制访问】。在弹出的安全警报中选择【是】继续。

图 2-216　设置限制访问

33．输入域用户名和密码，如图 2-217 所示。

34．设置权限，勾选【限制对此文档的权限】。设置完成后单击【确定】按钮。文档的访问权限设置完成，如图 2-218 所示。

图 2-217　输入域用户名和密码

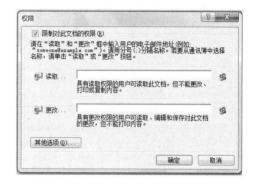

图 2-218　设置权限

✿ 经验分享

在此步骤中，如果【读取】和【更改】都不设置用户，此文档将只可以被创建的用户访问。

35．使用其他用户名登录测试文档的访问权限。提示【此文档的权限当前已被限制。Microsoft Office 必须连接到 http://dc.test.com:443/_wmcs/licensing 验证您的凭据并下载权限。】单击【确定】按钮后，会发现如果被没有权限的用户访问，会提示【您没有允许打开文档的凭据】，如图 2-219 所示。

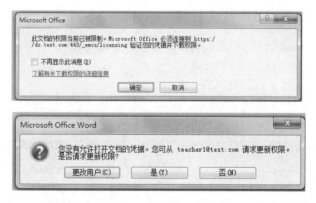

图 2-219　访问失败提示

★　**任务验收**

通过本任务的实施，学会 AD RMS（信息权限管理服务）的安装与配置。

评价内容	评价标准	完成效果
AD RMS(信息权限管理服务	在规定时间内，完成 AD RMS（信息权限管理服务）的安装与配置	

★　**拓展练习**

添加"adrmsadmin"用户，通过配置 AD RMS 群集，实现客户机使用 Windows 7 操作系统的 Office 办公软件，需要进行身份验证后，才能打开域环境中的文档，提高安全性。

➢ 项目评价

考核内容	评价标准
1. 配置 DNS 服务的安全性。	1. 能够配置 DNS 服务的日志记录、自动清理老化 DNS 记录、禁止区域传送功能，提升 DNS 服务的整体安全性。
2. 部署 AD CA 证书。	2. 能根据客户需求，配置域环境中的 CA 证书，提升域环境的整体安全性。
3. 配置 IIS 服务的安全性。	3. 通过证书、身份验证等方式配置 IIS 管理器，提升 Web 服务的安全性。
4. 配置站点间 VPN 服务。	4. 通过路由和远程访问工具，配置 VPN 服务，解决不在同一物理位置的局域网无法直接通信的问题。
5. 配置站点间 IPsec VPN 服务。	5. 通过使用基于 IPsec 的 VPN，提升 VPN 服务的安全性。
6. 配置 AD RMS 服务	6. 能配置 AD RMS 群集服务，通过用户名和密码登录的方式验证身份打开域环境中的文件，提升文件的安全性

项目习题

一、选择题

1. 提升 DNS 服务器安全的方法有（　　　）。
    A. 自动清理老化的 DNS 记录　　　　　B. 开启区域传送功能
    C. 关闭防火墙　　　　　　　　　　　　D. 开启远程访问
2. 在 Windows Server 2008 R2 中，可以通过（　　　）安全加固手段，实现 IIS 安全管理。
    A. 证书加密　　　　　　　　　　　　　B. 使用缺省的 Web 站点
    C. 关闭防火墙　　　　　　　　　　　　D. 停用 IIS
3. DNS 的端口号是（　　　）。
    A. 8080　　　　　B. 53　　　　　　C. 445　　　　　　D. 145
4. IPsec VPN 安全技术没有用到（　　　）。
    A. 隧道技术　　　B. 加密技术　　　C. 入侵检测技术　　D. 身份认证技术
5. 下列关于 IIS 的安全配置的说法中，不正确的是（　　　）。
    A. 将网站内容移动到非系统驱动程序　B. 重命名 IUSR 账户
    C. 禁用所有 Web 服务扩展　　　　　　D. 创建应用程序池

二、简答题

1. 简述 ADCA 证书的部署流程。
2. 简述站点到站点 VPN 服务的作用。

三、操作题

Web 服务的安全配置
1. 创建一个 Web 站点并申请 CA 证书加密 Web 站点，禁止用户使用 HTTP 方式访问站点。只允许使用 HTTPS 方式访问。
2. 为 Web 站点添加隐藏字段，禁止用户浏览 longinfo.html 网页内容。

单 元 总 结

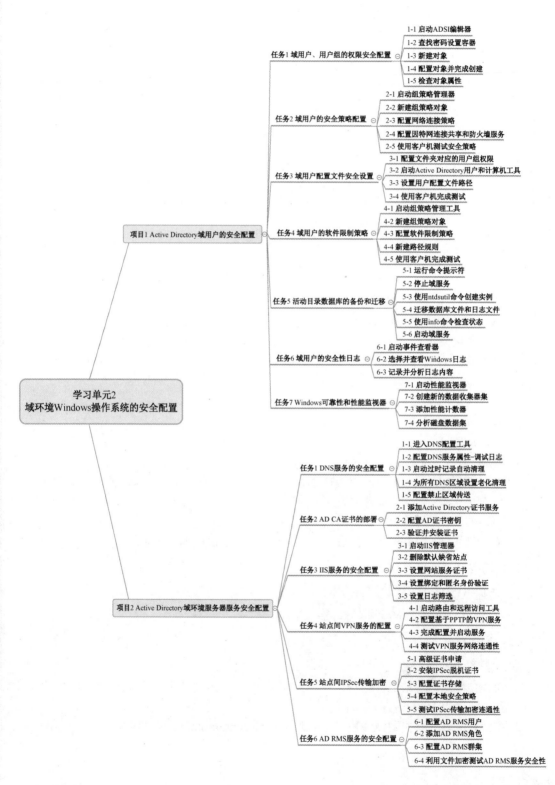

学习单元2
域环境Windows操作系统的安全配置

项目1 Active Directory域用户的安全配置

任务1 域用户、用户组的权限安全配置
- 1-1 启动ADSI编辑器
- 1-2 查找密码设置容器
- 1-3 新建对象
- 1-4 配置对象并完成创建
- 1-5 检查对象属性

任务2 域用户的安全策略配置
- 2-1 启动组策略管理器
- 2-2 新建组策略对象
- 2-3 配置网络连接策略
- 2-4 配置因特网连接共享和防火墙服务
- 2-5 使用客户机测试安全策略

任务3 域用户配置文件安全设置
- 3-1 配置文件夹对应的用户组权限
- 3-2 启动Active Directory用户和计算机工具
- 3-3 设置用户配置文件路径
- 3-4 使用客户机完成测试

任务4 域用户的软件限制策略
- 4-1 启动组策略管理工具
- 4-2 新建组策略对象
- 4-3 配置软件限制策略
- 4-4 新建路径规则
- 4-5 使用客户机完成测试

任务5 活动目录数据库的备份和迁移
- 5-1 运行命令提示符
- 5-2 停止域服务
- 5-3 使用ntdsutil命令创建实例
- 5-4 迁移数据库文件和日志文件
- 5-5 使用info命令检查状态
- 5-6 启动域服务

任务6 域用户的安全性日志
- 6-1 启动事件查看器
- 6-2 选择并查看Windows日志
- 6-3 记录并分析日志内容

任务7 Windows可靠性和性能监视器
- 7-1 启动性能监视器
- 7-2 创建新的数据收集器集
- 7-3 添加性能计数器
- 7-4 分析磁盘数据集

项目2 Active Directory域环境服务器服务安全配置

任务1 DNS服务的安全配置
- 1-1 进入DNS配置工具
- 1-2 配置DNS服务属性-调试日志
- 1-3 启动过时记录自动清理
- 1-4 为所有DNS区域设置老化清理
- 1-5 配置禁止区域传送

任务2 AD CA证书的部署
- 2-1 添加Active Directory证书服务
- 2-2 配置AD证书密钥
- 2-3 验证并安装证书

任务3 IIS服务的安全配置
- 3-1 启动IIS管理器
- 3-2 删除默认缺省站点
- 3-3 设置网站服务证书
- 3-4 设置绑定和匿名身份验证
- 3-5 设置日志筛选

任务4 站点间VPN服务的配置
- 4-1 启动路由和远程访问工具
- 4-2 配置基于PPTP的VPN服务
- 4-3 完成配置并启动服务
- 4-4 测试VPN服务网络连通性

任务5 站点间IPSec传输加密
- 5-1 高级证书申请
- 5-2 安装IPSec脱机证书
- 5-3 配置证书存储
- 5-4 配置本地安全策略
- 5-5 测试IPSec传输加密连通性

任务6 AD RMS服务的安全配置
- 6-1 配置AD RMS用户
- 6-2 添加AD RMS角色
- 6-3 配置AD RMS群集
- 6-4 利用文件加密测试AD RMS服务安全性

学习单元 3

Windows 服务器数据库的安全配置

☆ 单元概要

本单元基于 Windows Server 2008 R2 操作系统环境，讲解 MSSQL 数据库的安全配置，分为三个任务，分别对 MSSQL 数据库系统用户、MSSQL 安全配置和 MSSQL 数据库备份与还原进行讲解。

☆ 单元情境

网络安全工程师小张接到任务，要求对学校 Windows Server 2008 R2 操作系统下搭载的 SQL Server 数据库进行安全加固。经过团队的讨论，认为加固数据库非常重要，应该从数据库用户管理、数据库安全配置和数据库的备份与还原三个部分进行，完成整个的任务。

任务 1   MSSQL 系统用户管理

★   **任务描述**

学校校园内采用 Microsoft SQL Server 2008 作为数据库系统为校园管理系统提供数据服务。网络安全工程师小张接到上级部门的任务，需要对数据库用户进行管理维护，保证数据库的安全。

★   **任务分析**

数据库用户的安全性，主要体现在允许具有数据库访问权限的用户能够登录到 SQL Server 访问数据，并对数据库对象实施操作，但是要拒绝所有的非授权用户的非法操作。因此，安全性管理与用户管理是密不可分的。需要修改数据库系统的身份验证模式并对数据库服务器、应用系统的数据库或表设置管理员。在数据库权限配置能力内，根据用户的业务需要，配置其用户所需的最小权限，做好用户分级管理。

微课 28

★   **任务实施**

1. 修改身份验证模式，打开桌面【SQL Server Management Studio】管理工具，如图 3-1 所示。在弹出的【连接到服务器】界面中单击【连接】按钮，如图 3-2 所示。

图 3-1   SQL Server Management Studio 管理工具

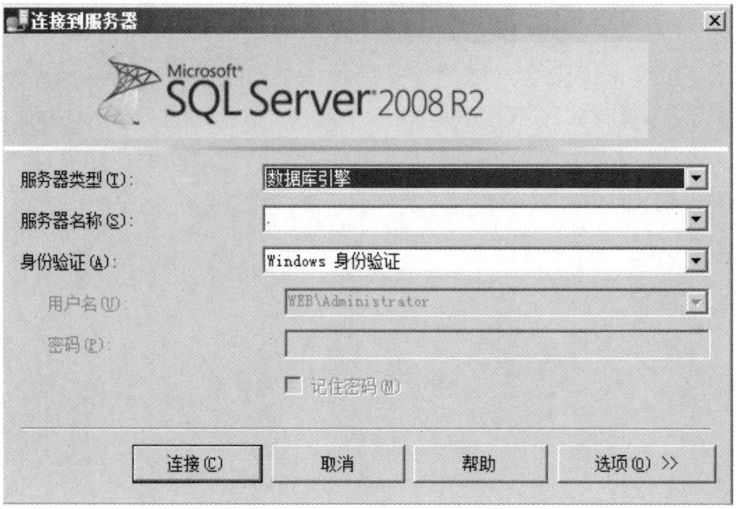

图 3-2   链接数据库实例

✿经验分享

　　SQL Server 数据库有两种登录身份验证模式，一种是 Windows 身份验证；另一种是 SQL Server 账户验证模式。在 SQL Server 账户验证模式中，sa 账户是内置的默认管理员账户，拥有最高的操作权限；sa 账户是大家所熟知的，那么，一些别有用心的人也知道 sa 账户，这就为我们的数据安全留下了安全隐患；

　　黑客会通过扫描程序在互联网上大量扫描，寻找那些开着远程访问并且使用 sa 账户的数据库服务器，然后用穷举法不断尝试密码。无论密码多么复杂，也很难抵御 24 小时不间断地扫描和破解。

　　2．选中数据库实例，单击鼠标右键选择【属性】，如图 3-3 所示。

图 3-3　SQL Server Management Studio 管理工具界面

　　3．在服务器属性左侧窗格中选择【安全性】，在右侧窗格的【服务器身份验证】模式中选中【SQL Server 和 Windows 身份验证模式】。然后单击【确定】按钮，如图 3-4 所示。

　　4．停用 sa 账户。在【安全性】→【登录名】中选中 sa，单击鼠标右键选择【属性】，如图 3-5 所示。

　　5．在登录属性【状态】页中，在【是否允许连接到数据库引擎】选项中选择【拒绝】，在【登录】选项中选择【禁用】。然后单击【确定】按钮应用设置，如图 3-6 所示。

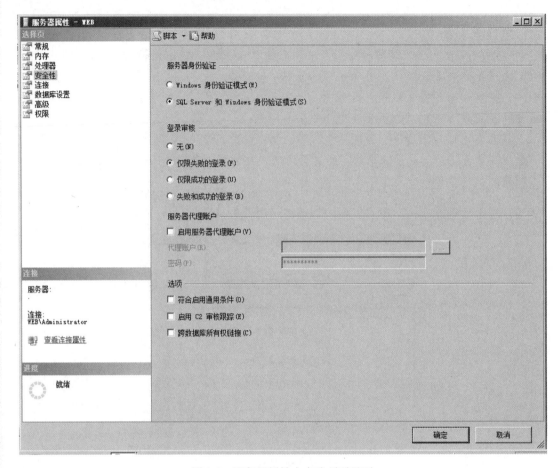

图 3-4　服务器属性安全选项页界面

> ✿ **知识链接**
>
> Windows 身份验证
>
> Windows 身份验证适用于 Windows 平台的用户，不需要提供密码和 Windows 集成验证，因为 Windows 系统本身就有管理和验证登录用户的能力。用户的管理交给 Windows 系统管理，而数据库管理员专注于数据库库管理，数据库管理员可以利用 Windows 的账户管理的功能，包括安全验证、加密、审核、密码过期、最小密码长度、账户锁定等，不需要在 SQL Server 中另外建立一个登录验证机制。
>
> 混合验证
>
> 混合验证适用于各种平台操作系统，以及 Internet 用户。使用 SQL Server 用户名和密码登录数据库服务器，即使网络上的客户机没有服务器操作系统的账户也可以登录并使用 SQL Server 数据库，很方便。

图 3-5　选择 sa 用户

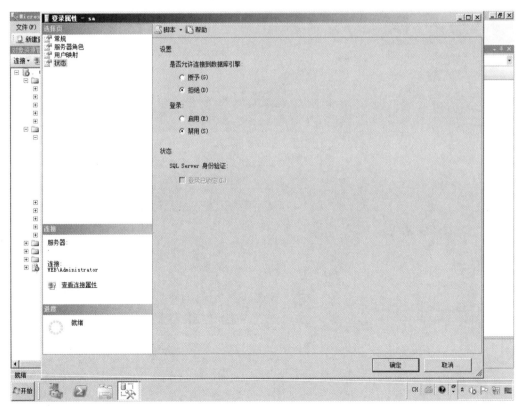

图 3-6　设置 sa 用户状态

6. 创建一个服务器管理员账户，选中【登录名】，单击鼠标右键选择【新建登录名】，如图 3-7 所示。

图 3-7　新建登录用户

7. 在【常规】右侧窗格中，输入新的用户名和密码后单击【确定】按钮，如图 3-8 所示。

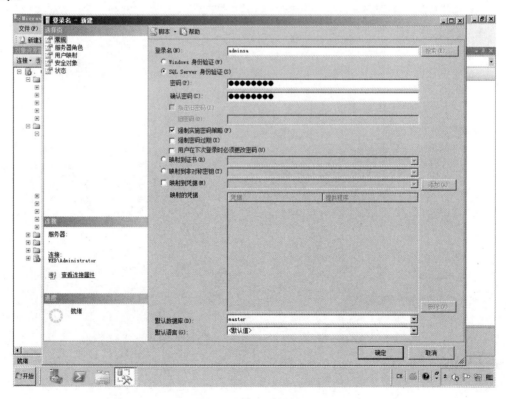

图 3-8　创建用户名和密码

8．在【服务器角色】右侧窗格中，在服务器角色中勾选【public】和【sysadmin】选项。然后单击【确定】按钮创建用户，如图 3-9 所示。

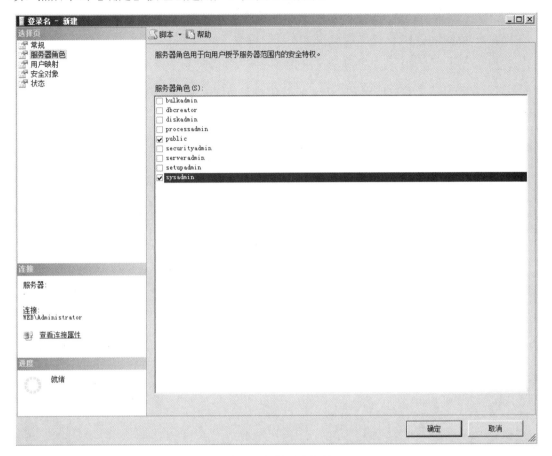

图 3-9　设置用户权限

✿**知识链接**

服务器角色按照从最低级别角色（bulkadmin）到最高级别角色（sysadmin）的顺序进行描述如下。

1．bulkadmin：这个角色可以运行 BULK INSERT 语句。该语句允许从文本文件中将数据导入到 SQL Server 2008 数据库中，为需要执行大容量插入到数据库的域账号而设计。

2．dbcreator：这个角色可以创建、更改、删除和还原任何数据库。不仅适合助理 DBA 角色，也适合开发人员角色。

3．diskadmin：这个角色用于管理磁盘文件，比如镜像数据库和添加备份设备。适合助理 DBA 角色。

4．processadmin：SQL Server 2008 可以同时多进程处理。这个角色可以结束进程（在 SQL Server 2008 中称为"删除"）。

5．public：有两大特点：第一，初始状态时没有权限；第二，所有数据库用户都是它的成员。

6. securityadmin：这个角色将管理登录名及其属性。可以授权、拒绝和撤销服务器级/数据库级权限。也可以重置登录名和密码。

7. serveradmin：这个角色可以更改服务器范围的配置选项和关闭服务器。

8. setupadmin：为需要管理联接服务器和控制启动的存储过程的用户而设计。

9. sysadmin：这个角色有权在 SQL Server 2008 中执行任何操作。

9. 创建一个应用数据的管理用户，在【常规】右侧窗格中，输入新的用户名和密码后单击【确定】按钮，如图 3-10 所示。

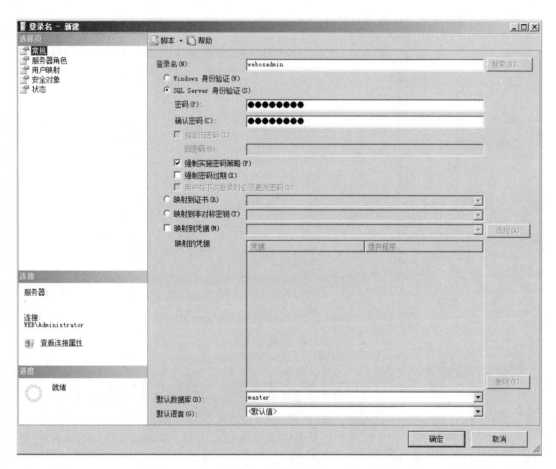

图 3-10　创建用户

10. 设置用户权限，选择界面左侧【服务器角色】，在右侧窗格的【服务器角色】中勾选【public】选项后单击【确定】按钮，如图 3-11 所示。

11. 单击界面左侧的【用户映射】。在右侧窗格的【映射到此登录名的用户】中勾选需要管理的数据库，在【数据库角色成员身份】中勾选【db_owner】和【db_securityadmin】选项，保持【public】的默认勾选状态然后单击【确定】按钮，如图 3-12 所示。

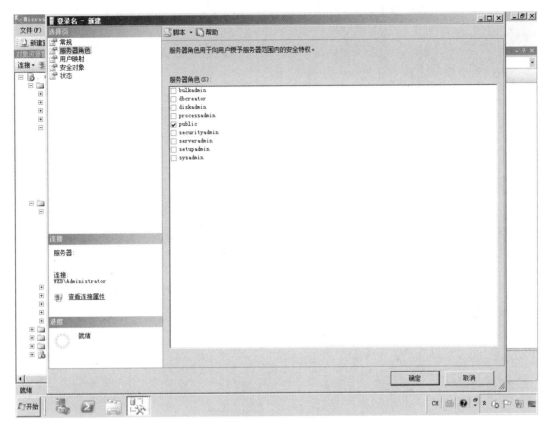

图 3-11　设置用户权限

✿知识链接

数据角色

1．db_accessadmin：可以在数据库中添加和删除数据库用户、组及角色。

2．db_backupoperator：可以备份数据库。

3．db_datareader：可以读取任何表中的数据。

4．db_datawriter：可以添加、更改或删除所有表中的数据。

5．db_ddladmin：可以添加、更改或删除数据库对象（可以执行任何 DDL 语句）。

6．db_denydatareader：不能读取任何表中的数据，但仍然可以通过存储过程来查看。

7．db_denydatawriter：不能更改任何表中的数据，但仍然可以通过存储过程来修改。

8．db_owner：执行任何操作。

9．db_securityadmin：可以更改数据中的权限和角色。

10．public：每个数据库用户都属于 public 角色。未对用户授权之前，该用户将被授予。public 角色的权限。该角色不能被删除。

图 3-12　设置数据权限

★　任务验收

通过本任务的实施，学会 MSSQL 数据库系统用户管理。

评价内容	评价标准	完成效果
MSSQL 数据库系统用户管理	在规定时间内，完成 MSSQL 数据库系统用户管理	

★　拓展练习

使用 SQL Server Management Studio 管理数据库用户，禁用 sa 用户，新建用户并赋予权限，提升用户安全性。

任务 2　MSSQL 的安全配置

★　任务描述

学校校园内采用 Microsoft SQL Server 2008 作为数据库系统为校园管理系统提供数据服务。技术人员已经对数据库的用户权限进行了分级管理，现在需要网络安全工程师小张对服务器做进一步的安全加固保证数据库的安全。

微课 29

★ **任务分析**

通过设置通信协议加密、隐藏实例、设置连接协议和监听的 IP 范围，限制不必要的远程客户端访问到数据库资源。设置连接超时功能，修改默认通信端口，禁止高危存储过程处理来增强服务器的安全。

★ **任务实施**

1. 设置通信协议加密，单击桌面【开始】菜单，选择【Microsoft SQL Server 2008 R2】→【配置工具】→【SQL Server 配置管理器】，如图 3-13 所示。

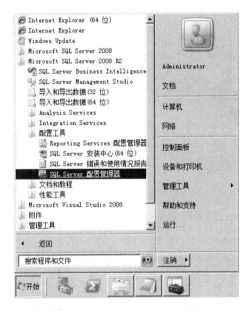

图 3-13 选择【SQL Server 配置管理器】

2. 在弹出的【Sql Server Configuration Manager】界面选择【SQL Server 配置管理器（本地）】→【SQL Server 网络配置】→【MSSQLSERVER 的协议】，单击鼠标右键选择【属性】，如图 3-14 所示。

图 3-14 SQL Server 配置管理器界面

3．在【MSSQLSERVER 的协议 属性】界面中单击【标志】选项卡，在【强行加密】和【隐藏实例】中选【是】。然后单击【确定】按钮，如图 3-15 所示。

图 3-15　【SQLSERVER 的协议 属性】界面

4．关闭不必要的连接协议，VIA、Named Pipes 和 Share Memory 方式可能一般不需要使用。单击【MSSQLSERVER 的协议】，在右侧窗格选择相应的协议，单击鼠标右键选择【禁用】，如图 3-16 所示。

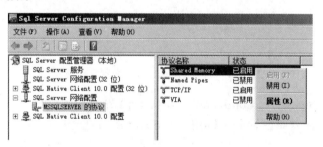

图 3-16　禁用协议

✿知识链接

Shared Memory：最快最简单的协议，使用 Shared Memory 协议的客户端仅可以连接到同一台服务器上的 SQLserver 实例。如果其他协议有误，可以通过 Shared Memory 连接到本地服务器进行故障处理。

TCP/IP：Internet 上广泛使用的通信协议，它包括路由网络协议的标准，提供高级的安全功能。

Named Pipes：为局域网而开发的协议，运行在 TCP、NETBEUI 等基础协议之上，并不是一个基层网络传送协议。客户端连接 Named Pipes（命名管道）的时候，它会首先访问服务器的 IPC$共享，访问 IPC$共享必须通过 Windows 认证协议。如果没有访问 SQL Server 服务器的文件系统的权限，就无法使用命名管道访问 SQL Server。

VIA：虚拟接口适配器 (VIA)协议和 VIA 硬件一同使用。

5．设置 IP 监听：访问数据库的应用程序也装在该服务器上，则只需要监听 127.0.0.1 即可，其他 IP 不需要监听。在应用程序中配置为使用 127.0.0.1 访问数据库。选择【TCP/IP】单击鼠标右键选择【属性】。在弹出的【TCP/IP 属性】界面单击【IP 地址】选项卡。将需要监视的 IP 地址在【活动】选择栏中选择【是】，如图 3-17 所示。

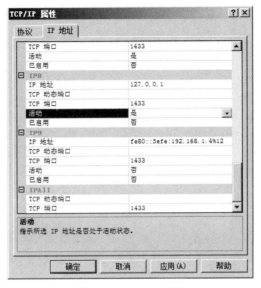

图 3-17　TCP/IP 属性

6．设置连接超时功能，选中数据库实例，单击鼠标右键选择【属性】，如图 3-18 所示。

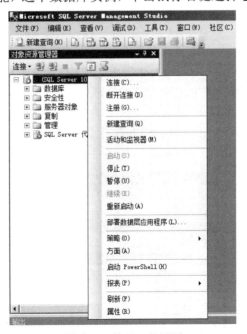

图 3-18　管理工具界面

7．在服务器属性中，单击界面左侧【高级】选择项，在右侧窗格的【远程登录超时值】文本框内输入【10】然后单击【确定】按钮。设置登录后若无操作 10 秒即断开连接，如图 3-19 所示。

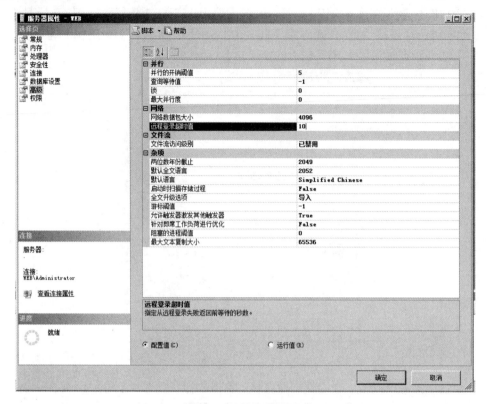

图 3-19　服务器属性

8．关闭危存储过程处理，提高系统的安全。存储过程为数据库提供了强大的功能，MSSQL 强大的存储功能同时也为攻击者提供了便利，在相应的权限下，攻击者可以利用不同的存储过程执行不同的高级功能，如增加 MSSQL 数据库用户、枚举文件目录等。这些系统存储过程中 xp_cmdshell 功能最强大，通过该存储过程可以在数据库服务器中执行任意系统命令。在【SQL Server Management Studio】管理工具中单击【新建查询】，如图 3-20 所示。

图 3-20　新建查询

9．由于在 SQL Server 2008 中 sp_dropextendedproc 不会删除系统扩展存储过程，输入

代码单击【执行】关闭存储过程。如图 3-21 所示。

图 3-21　输入代码执行

> ✿代码
>
> go
> sp_configure 'xp_cmdshell',0
> reconfigure
> go

★　**任务验收**

通过本任务的实施，学会 MSSQL 的安全配置。

评价内容	评价标准	完成效果
MSSQL 的安全配置	在规定时间内，完成 MSSQL 的安全配置	

★　**拓展练习**

使用 SQL Server Configuration Manager 软件配置 MSSQLSERVER 协议属性，打开强行加密和隐藏实例，同时关闭不必要的连接协议。

任务 3　MSSQL 数据库的备份与还原

★　**任务描述**

学校采用 Microsoft SQL Server 2008 作为数据库系统为校园管理系统提供数据服务。技术人员已对当前系统中引入备份机制，对数据做好相应的保护措施，使得数据库被破坏后损失降到最低。现在需要网络安全工程师小张对数据库系统进行安全加固，保证数据库的安全。

微课 30

★　**任务分析**

对数据库备份使用完整备份和差异备份相结合的方式，设置维护计划任务可以自动进行备份任务执行。数据库的备份应该在数据业务流量少时（夜间或清晨）进行。备份数据需留存时间应遵循应用业务要求和所在单位的等保规定。

✿ **知识链接**

等保三级系统应用与数据安全部分内容如下。

1. 备份和恢复

（1）应提供本地数据备份与恢复功能，完全数据备份至少每天一次，备份介质场外存放；

（2）应提供异地数据备份功能，利用通信网络将关键数据定时批量传送至备用场地；

（3）应采用冗余技术设计网络拓扑结构，避免关键节点存在单点故障；

（4）应提供主要网络设备、通信线路和数据处理系统的硬件冗余，保证系统的高可用性。

2. 数据安全要求

数据安全要求是要求完备的灾难恢复计划和配套资源。

（1）完全备份至少每天一次，不过目前基本都是实时的，除了热备还有场外冷备份，也是至少一天一次，不过可以放松到一周以内，一般都会算符合；

（2）要求异地备份，明确规定距离至少 100 公里；

（3）和网络安全部分重复，要求系统所在网络环境的冗余性，双线双节点的结构；

（4）这里就是要双活或者热站点，都是包含在 DRP 中的资源；此外测评的时候还会考察每年是否有进行灾难恢复的演练，标准中虽然没有明确提出，但是也会作为检查的一项。

★　**任务实施**

1. 创建备份设备，用于存储数据库备份文件。启动 Microsoft SQL Server Management Studio，展开【服务器对象】，选择【备份设备】，单击鼠标右键选择【新建备份设备】，如图 3-22 所示。

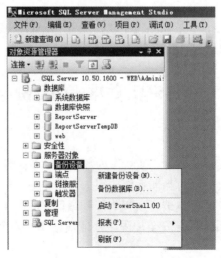

图 3-22　新建备份设备

2．指定设备名称和文件保存位置。在弹出的界面中输入设备名称，输入共享文件夹地址\\58.116.8.22\webbackup\webbackup.bak 作为文件保存位置，最后单击【确定】按钮，如图 3-23 所示。

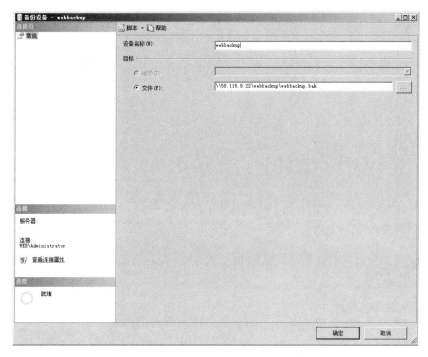

图 3-23　添加备份设备

3．选中需要备份的数据库，单击鼠标右键选择【任务】，弹出下一级菜单单击【备份】，如图 3-24 所示。

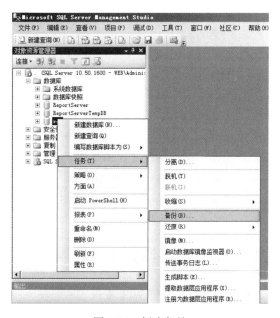

图 3-24　创建备份

4. 弹出如图 3-25 所示界面，在【备份类型】下拉选项中选择【完整】，输入备份名称，后设置【备份集过期时间】为【7】天。这个日期用于覆盖备份集时检查用。超过 7 天的数据自动清理，如图 3-25 所示。

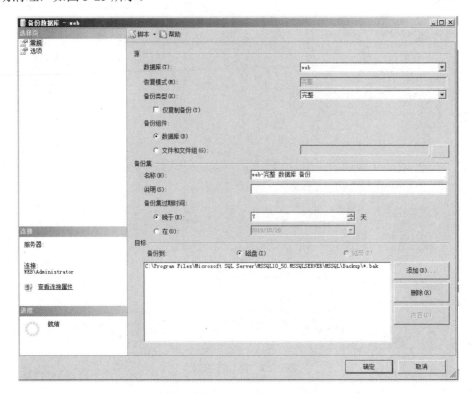

图 3-25　设置备份类型为完整

✿**知识链接**

SQL Server 备份方式有 4 种：

（1）完整备份，备份整个数据库，包括用户表、系统表、事务日志等，需要较大空间，备份时间长；

（2）差异备份，是完整备份的补充（需要先还原完整备份），比完整备份小、速度快，因此可以经常使用；

（3）事务日志备份，备份事务日志内容，可以使用事务日志备份将数据库还原到故障点，但是必须先还原完整备份，然后依次还原每个事务日志备份；

（4）文件和文件组备份，备份某些文件，可以分多次来备份数据库，避免大型数据库文件备份的时间过长，当数据库文件非常大时采用这个备份很有效。当数据库文件损坏，可以只还原被损坏的文件或文件组，从而加快了还原速度。

---

5. 在【目标】设置中先单击【删除】按钮，删除默认备份位置。后单击【添加】按钮添加新的位置，如图 3-26 所示。

6. 在弹出的【选择备份目标】界面中选择【备份设备】在下拉菜单中选择刚创建的设备后单击【确定】按钮，如图 3-27 所示。

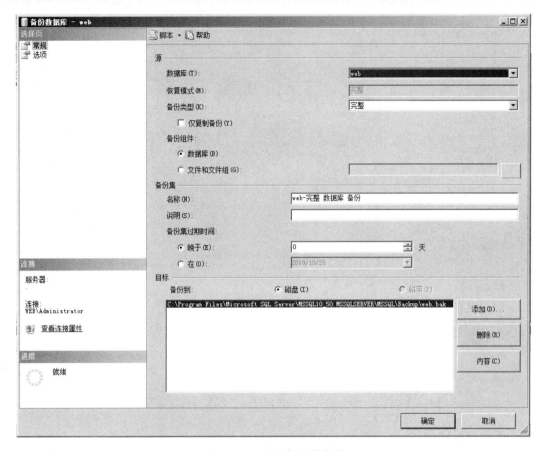

图 3-26 设置目标文件位置

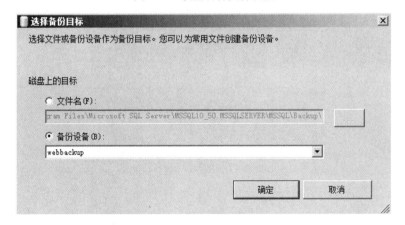

图 3-27 设置备份设备

7. 设置完存储位置后，弹出如图 3-28 所示提示框，单击【确定】按钮，进行第一次手动备份。

8. 创建一个完整数据库的维护计划，选择【维护计划】单击鼠标右键选择【新建维护计划】，如图 3-29 所示。然后输入计划名称。

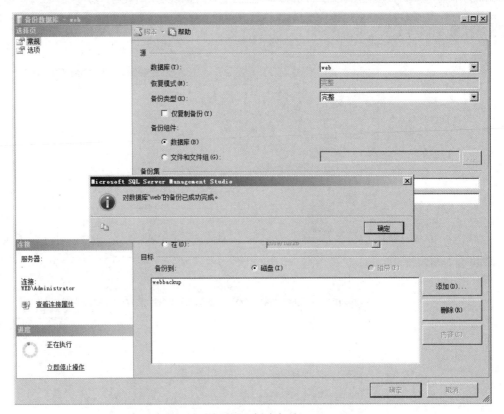

图 3-28　创建备份

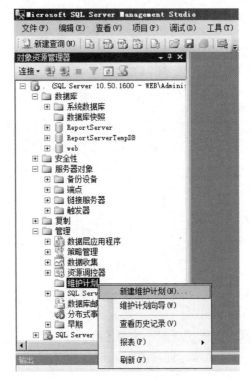

图 3-29　新建维护计划

9. 单击左侧窗格【维护计划中的任务】中【"备份数据库"任务】，如图 3-30 所示。

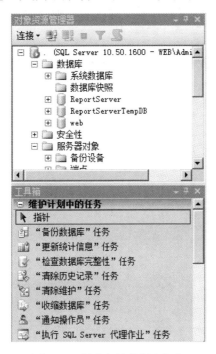

图 3-30　创建备份数据库任务

10. 在【"备份数据库"任务】中单击❌标记，如图 3-31 所示。

11. 在【"备份数据库"任务】界面中，【备份类型】选择【完整】。【数据库】下拉菜单中单击【选择一项或多项】后，勾选需要备份的数据库，如图 3-32 所示。

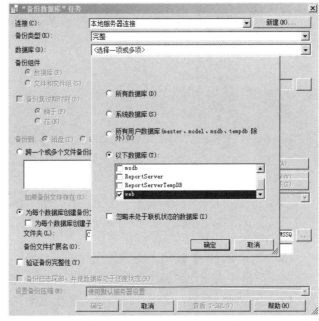

图 3-31　设置备份数据库任务　　　　　　图 3-32　设置备份

12. 勾选【备份集过期时间】设置为【晚于】【7】天，单击【添加】按钮，如图 3-33 所示。在弹出的【选择备份目标】界面中选择刚刚创建的设备并单击【确定】按钮，如图 3-34 所示。

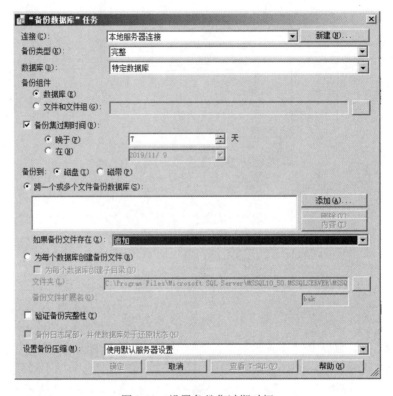

图 3-33　设置备份集过期时间

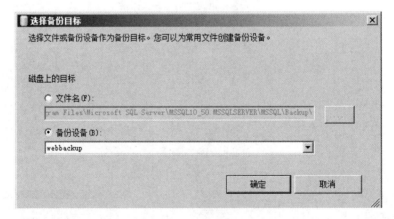

图 3-34　选择备份目标

13. 单击【确定】按钮，完成数据库维护任务，如图 3-35 所示。

14. 单击【作业计划属性】按钮，打开作业计划属性界面，如图 3-36 所示。

15. 设置计划类型，单击下拉菜单选择【重复执行】并勾选【已启用】。在【执行】下拉菜单中选择【每天】，在【每天频率】设置中，设置执行一次，时间为：凌晨零点。然后单击【确定】按钮保存作业计划属性设置，如图 3-37 所示。

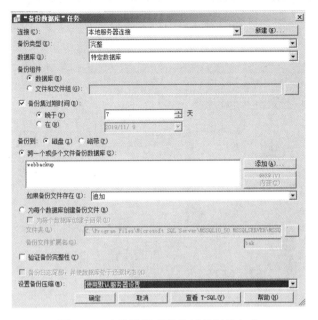

图 3-35　完整数据库维护任务创建完成

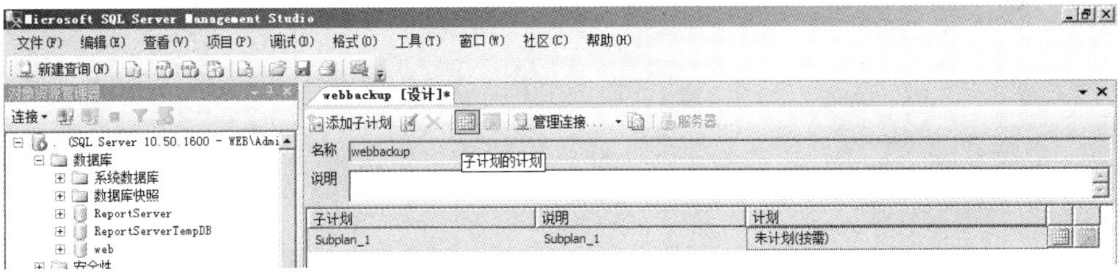

图 3-36　打开作业计划属性

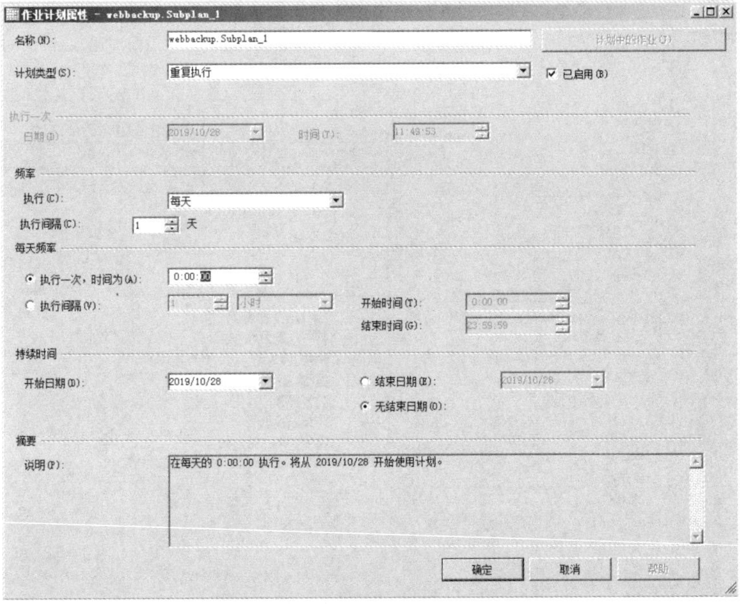

图 3-37　设置计划类型、每天频率

16．创建一个差异数据库的维护计划。选择【维护计划】单击鼠标右键选择【新建维护计划】。并在右侧窗格中输入计划名称，如图 3-38 所示。

图 3-38　新建维护计划

17．单击左侧窗格【维护计划中的任务】中【"备份数据库"任务】，在【"备份数据库"任务】中单击红色按钮，如图 3-39 所示。

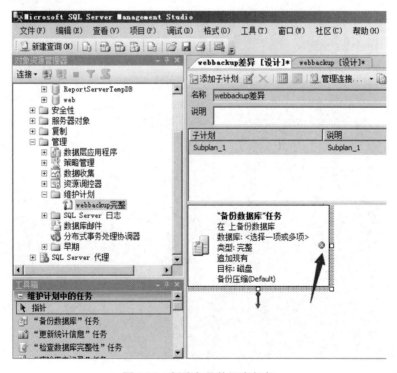

图 3-39　创建备份数据库任务

18. 在【"备份数据库"任务】界面中【备份类型】选择【差异】，在【数据库】设置中，勾选【备份集过期时间】并设置为【晚于】【7】天，设置完成后界面如图 3-40 所示。再选择【跨一个或多个文件备份数据库】单击【添加】按钮。在如图 3-41 所示界面中选择需要添加的数据库，并单击【确定】按钮。

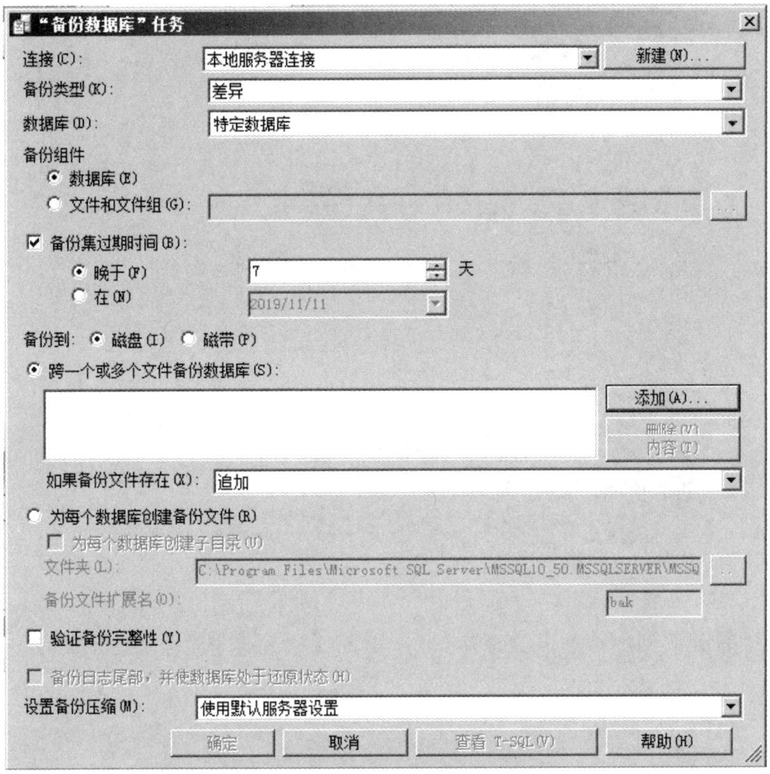

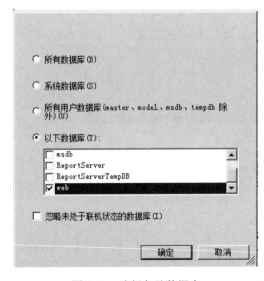

图 3-40 设置备份数据库任务

图 3-41 选择备份数据库

19. 选择【文件名】输入保存文件的地址，单击【确定】，如图 3-42 所示。

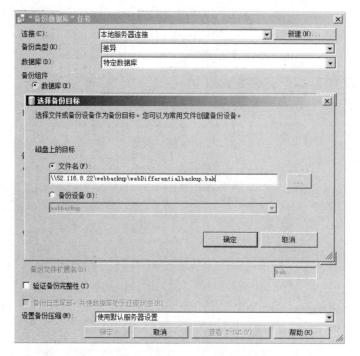

图 3-42　选择备份目标

20. 在【"备份数据库"任务】界面中，单击【确定】按钮，任务设置完成，如图 3-43 所示。

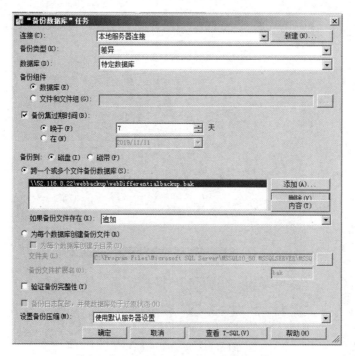

图 3-43　设置数据库备份任务完成

21. 单击【作业计划属性】按钮，打开作业计划属性界面，如图 3-44 所示。

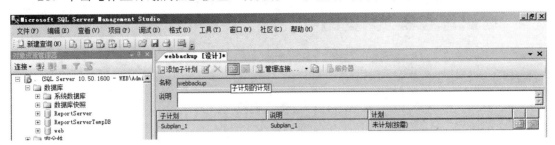

图 3-44　打开作业计划属性

22. 设置【计划类型】，在下拉菜单中选择【重复执行】并勾选【已启用】。在【执行】下拉菜单中选择【每天】，在【每天频率】设置中，设置【执行一次，时间为 12:00:00】。然后单击【确定】按钮保存作业计划。单击关闭按钮退出维护计划，如图 3-45 所示。

图 3-45　设置作业计划属性

23. 当数据丢失需要还原时，通过备份还原数据库，选择要还原的数据，单击鼠标右键选择【任务】→【还原】→【数据库】，如图 3-46 所示。

24. 在【常规】选项页中，勾选用于还原的备份集如图 3-47 所示。然后单击进入【选项】选项页。

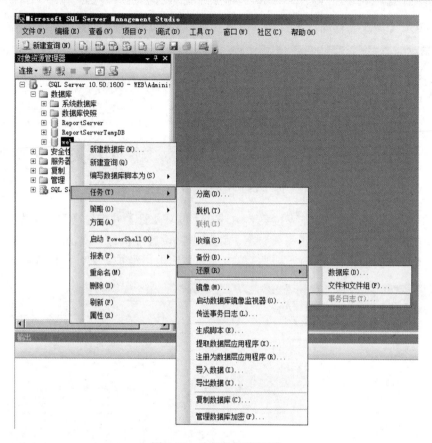

图 3-46　选择数据库还原

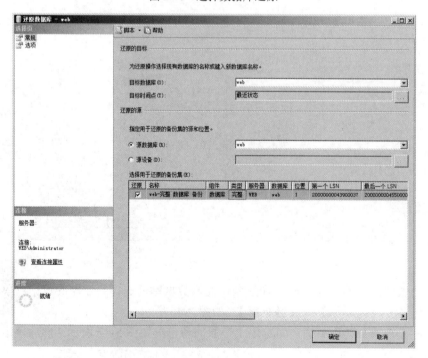

图 3-47　选择还原备份集

25．勾选【覆盖现有数据库】后单击【确定】按钮，进行还原，如图 3-48 所示。

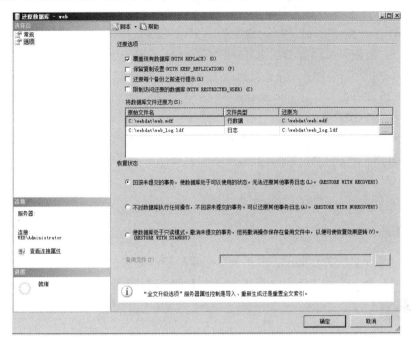

图 3-48　勾选覆盖现有数据库

✿**经验分享**

异地备份：防止本地磁盘损坏或者整个机房故障，对至关重要的数据，必须采取异地备份的办法。技术人员应定期检查磁盘空间。很多时候由于运维策略的不完善，同时又缺少巡检的过程，备份作业创建后没有及时维护，导致磁盘空间被占满，备份作业失败。

★　**任务验收**

通过本任务的实施，学会配置 MSSQL 数据库的备份与还原。

评价内容	评价标准	完成效果
MSSQL 数据库的备份与还原	在规定时间内，完成配置 MSSQL 数据库的备份与还原	

★　**拓展练习**

使用 Microsoft SQL Server Management Studio 软件备份 MSSQL 数据库，提升数据库的整体安全性。

项目习题

一、选择题

1．SQL Server 数据库有（　　）种登录身份验证模式。

A. 1   B. 2   C. 3   D. 4

2．SQL Server 的备份方式有（　　　）种。

A. 4   B. 7   C. 2   D. 3

3．（　　　）角色可以运行 BULK INSERT 语句。该语句允许从文本文件中将数据导入到 SQL Server 2008 数据库中，为需要执行大容量插入到数据库的域账号而设计。

A. bulkadmin   B. dbcreator   C. diskadmin   D. SQLuser

4．在服务器中最高级角色是（　　　）。

A. public   B. securityadmin   C. sysadmin   D. sa

5．在 SQL Server 账户验证模式中，（　　　）账户是内置的默认管理员账户，拥有最高的操作权限。

A. sa   B. administrator   C. root   D. SQLuser

二、简答题

1．简述 Microsoft SQL Server 中两种登陆身份验证模式的区别。

2．简述 Microsoft SQL Server 服务器角色【public】和【sysadmin】功能。

三、操作题

数据库备份

1．创建 teacher 数据库，建立 teable1 和 teable2 表，字段自设，并创建数据。

2．创建维护计划，每周对 teacher 数据库进行一次完整备份，每天凌晨 0 点至 3 点进行差异备份。

单 元 总 结

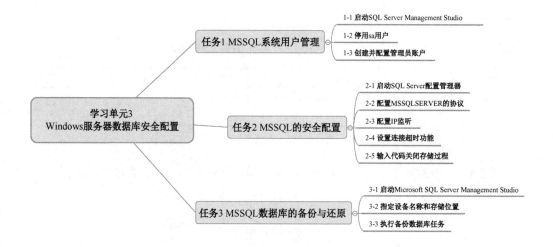

华信SPOC官方公众号

欢迎广大院校师生 **免费**注册应用

www.hxspoc.cn

华信SPOC在线学习平台

专注教学

数百门精品课
数万种教学资源

教学课件
师生实时同步

多种在线工具
轻松翻转课堂

电脑端和手机端（微信）使用

测试、讨论、
投票、弹幕……
互动手段多样

一键引用，快捷开课
自主上传，个性建课

教学数据全记录
专业分析，便捷导出

登录 www.hxspoc.cn 检索 华信SPOC 使用教程 获取更多

华信SPOC宣传片

教学服务QQ群： 1042940196
教学服务电话：010-88254578/010-88254481
教学服务邮箱：hxspoc@phei.com.cn

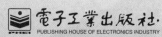

电子工业出版社·
PUBLISHING HOUSE OF ELECTRONICS INDUSTRY

华信教育研究所